JN438889

맛있는 국제이해교육

맛있는 국제이해교육

다문화 시대의 음식과 세계화

유네스코 아시아 · 태평양 국제이해교육원 편

일조각

발간사

이 책은 초 · 중등학교 교실 현장에서 국제이해교육에 활용할 수 있도록 만든 교재입니다. 각 단원은 음식이라는 친근한 소재를 통해 국제이해교육의 중요한 다섯 가지 주제들인 타 문화 이해, 세계화, 인권, 평화, 지속 가능한 발전에 관한 지식과 태도 그리고 가치관을 배울 수 있도록 구성되어 있습니다.

세계화가 진행되면서 서로 다른 문화를 가진 사람들이 만나 함께 살아가는 일이 점점 많아지고 있습니다. 예컨대 수많은 외국인 노동자들이 우리나라에 들어와 살고 있으며 다른 나라 사람들과의 결혼도 늘어나고 있습니다. 그래서 세계화 시대에는 학생들이 낯선 문화와 사고방식을 이해하고, 다른 사람들과 더불어 사는 법을 배우는 것이 매우 시급하고 중요한 학습 과제가 되었습니다.

국제이해교육은 유네스코를 통해 모든 나라에서 중요하게 추진하고 있는 범세계적인 교육 운동입니다. 유네스코 21세기 세계교육위원회는 '함께 살기 위한 학습'을 21세기 교육의 핵심 과제로 제시하여 그 중요성을 분명히 밝혔습니다. 이에 아시아 · 태평양 국제이해교육원은 국제이해교육을 강화하고 발전시키기 위하여 아시아 · 태평양 지역의 46개 유네스코 회원국들과 함께 학교와 시민사회를 위한 다양한 활동을 이어 오고 있습니다. 이러한 활동의 일환으로 우리 교육원은 관련 분야의 전문가들과 함께 국제이해교육의 교육 과정을 연구하는 동시에, 교원들에 대한 연수와 교육 자료 개발에 온 힘을 쏟고 있습니다.

우리나라에서도 제7차 교육 과정부터 국제이해교육이 초 · 중 · 고등학교 창의적 재량 학습 과목의 하나로 채택되었으나, 아직은 알맞은 교재와 자료가 부족한 실정입니다. 우리 교육원은 이러한 교육 현장의 요구에 부응하기 위해 『함께 사는 세상 만들기』, 『우리는 지구촌 시민—축구로 배우는 국제이해교육』을 출간하였고, 이번에 『맛있는 국제이해교육—다문화 시대의 음식과 세계화』를 발간하게 되었습니다.

이 책은 일곱 개의 단원으로 구성되어 있는데, 각 단원은 타 문화 이해, 세계화, 인권, 평화, 지속 가능한 발전 등 범세계적인 문제들에 접근할 수 있도록 짜여졌습니다. 또한 어려운 주제들을 좀더 쉽게 이해할 수 있도록 음식과 관련된 다양한 내용들을 보여 주고, 학생들이 이를 통해 오늘의 세계를 이해하고 더 나은 세상을 만들기 위한 방법들을 찾아 나갈 수 있도록 배려하였습니다. 각 단원 사이에 있는 '함께해 보기'는 학생들이 활동을 통하여 자신이 가지고 있는 편견과 선입견을 발견하고 스스로 깨우쳐 나가는 데 초점을 맞추어 개발되었습니다. 이 교재를 통하여 학생들이 다문화 사회의 구조와 문제점을 파악하고, 편견과 오해, 선입견에서 벗어나 서로 다른 문화를 지닌 사람들과 함께 살아가는 법을 배울 수 있기를 바랍니다.

교재 개발에 헌신적으로 참여해 주신 모든 분들과 초고를 읽고 검토해 주신 일선 선생님들에게 진심으로 감사를 드립니다. 또한 국제이해교육에 지속적인 관심을 가지고 훌륭한 책이 나오도록 애써 주신 일조각의 김시연 사장님께도 감사의 뜻을 표합니다.

2007년 3월 30일

유네스코 아시아 · 태평양 국제이해교육원

원장 강대근

머리말

음식을 중심으로 국제이해교육 교재를 만든다는 생각은 사실 『함께 사는 세상 만들기』를 만들던 2003년에 시작한 것으로, 2004년에 출간된 『우리는 지구촌 시민—축구로 배우는 국제이해교육』보다 앞선 것이다. 국제이해교육은 단지 지식과 기술을 전달하는 것이 아니라 생각과 태도의 변화를 목적으로 하므로 음식이 가장 적합한 소재가 될 수 있다고 생각하였기 때문이다.

무엇을 먹는가에 따라 그가 누구인가를 알 수 있다거나 그의 존재가 결정된다는 이야기는 유물론에서 출발한 것이기는 하지만 동시에 음식의 선택이 얼마나 문화적인가를 강조한다. 인간은 음식 선택을 통해 자신을 다른 사람과 구별하는데, 그러한 선택 자체는 사회화 과정의 산물이기도 하다.

음식의 생산과 저장, 유통과 분배, 소비와 폐기는 우리 삶의 역사 및 과정 전체와 매우 가깝게 맞닿아 있다. 식량의 생산과 확보는 인류의 진화 과정에서 매우 중요한 요인이었다. 수렵 채취 경제에서는 동물성 단백질 같은 매우 중시되는 음식의 확보와 분배가 사회 조직과 권력 구조, 성차와 위계 등과 밀접히 관련되어 있었고, 이후 농업의 발전과 남아도는 식량 생산물은 도시의 발전, 계급과 국가의 등장, 교역의 확대와 전쟁 등과 긴밀히 상호 작용하였다. 각종 제의(祭儀)와 신앙도 음식과 너무나 가깝게 연결되었다.

향신료에 대한 수요와 교역 이익에 대한 기대는 신항로 개척의 원동력이 되었고 이후 플랜테이션을 통한 설탕 생산은 노예무역을 증대시켰다. 또 차에 대한 수요가 증가하면서 은이 부족해진 영국은 결국 아편 전쟁을 일으켰다. 한편 영국에서 시작된 산업혁명은 산업적 식량 생산을 촉진하였고 이에 따른 식량 저장 기술과 운송 사업의 발전으로 식량의 이동 거리는 점점 증가하였다. 과학 기술의 눈부신 발전과 전쟁은 음식 보존 및 가공 기술의 개발과 함께 징병 자원 확보를 위한 영양학적 연구와 교육에 대한 관심을 일으켰다. 또한 품종 개량과 비료, 제초제와 살충제, 영농의 기계화, 관개 시설과 조명 및 기후 조절 장치 등이 나타나면서 소위 녹색혁명(Green Revolution)이라는 시도가 전 세계적으로 가능할 것이라는 환상을 심어 주기도 하였다.

한편 식품 산업의 발전과 외식의 확대, 패스트푸드 산업의 등장은 각종 조미료, 색소, 향, 방부제 등의 첨가물 개발과 함께 농업과 축산업 그리고 수산업 자체를 산업화하였고, 인류가 동식물의 성장 사이클 자체에 간여하게 되어 유전자 조작이 광범위하게 행해지고 있다. 또한 수출을 위한 환금작물 재배와 공장식 축산 및 수산이 확대되어 음식 재료를 보다 싸게 보다 빨리 보다 많이 생산하게 된 것 같지만, 비료와 농약, 항생제와 성장호르몬 등이 남용되어 생태계는 급속히 파괴되고 있으며 제3세계 사람들의 생활은 더욱더 큰 불안정과 위험에 직면하고 있다. 특히 육류 소비의 증가는 사료용 곡물 생산의 증대와 함께 지구 생태계에 커다란 부담을 주고 있고, 농약과 폐수 등은 식품 산업에 종사하는 노동자와 그 가족들의 건강을 크게 위협하고 있다. 광우병이나 조류 독감은 이러한 문제의 극히 일부가 겉으로 드러난 사건이라는 지적도 있다.

세계화의 진전은 이러한 경향을 가속화시키고 있다. 선진국에서는 그 어느 때보다 참살이(웰빙)에 대한 관심이 커지고 다이어트 산업이 매년 기록적인 성장을 보이고 있지만, 지구의 다른 한편에서는 수많은 어린이가 만성적인 영양실조와 기아로 쓰러지고 있다. 우리가 먹는 것 하나하나가 어떻게 우리 식탁에 오르게 되었는가를 곰곰이 따져 보고 생각해 본다면 우리는 그 과정에서 타 문화 이해, 인권, 평화, 세계화, 지속 가능한 발전 등 국제이해교육의 모든 주제를 만나게 된다.

이렇게 음식을 소재로 삼으면 축구보다 훨씬 더 다양하고 흥미진진한 이야기를 이끌어 낼 수 있다. 그러나 음식에 대한 이야기를 진지하게 하다 보면 인류의 탐욕과 무지, 착취와 불평등, 고통과 잔혹 등을 본격적으로 다루어야 하고 또 그만큼 내용도 깊어질 수밖에 없다. 그래서 음식을 소재로 하는 교재 개발은 다음으로 미루고 우선 축구를 소재로 초등학생을 대상으로 하는 교재 개발을 추진하였던 것이다. 당시 훗날의 과제로 미루었던 것이 오늘에야 비로소 결실을 맺게 되었다.

원고 기획 작업이 본격적으로 시작된 것은 2005년으로 사회학자인 이시재 교수(가톨릭대), 경제학자인 우석훈 박사(성공회대), 문화인류학자인 한건수 교수(강원대), 서현정 박사(서울대), 그리고 본인 등 다섯 명의 전문가와, 박효정(서울 잠동초등학교), 이선영(서울 가곡초등학교), 장해숙(서울 개웅초등학교) 선생님 등 현장의 교사, 유네스코 아시아 · 태평양 국제이해교육원의 김종훈 팀장이 참여하였다.

여러 차례의 기획회의를 거치면서 다양한 구상과 의견, 사례와 소재 등을 검토하였으며 각 단원을 어떻게 구성할지 몇 가지 시안을 만들기도 하였다. 기획의 기본 원칙은 다음과 같다. 첫째, 국제이해교육의 중요한 다섯 가지 주제인 타 문화 이해, 세계화, 인권, 평화, 지속 가능한 발전의 내용을 통합적 시각에서 다루면서 학생들의 흥미와 이해를 이끌어 내는 내용으로 구성한다. 둘째, 각 단원은 다른 단원과 구분되는 내용 및 주제로 구성하되, 다른 단원과 위계적 관계가 아닌 병렬적 관계를 갖도록 구성함으로써 현장의 교사가 책의 목차에 얽매이지 않고 자유롭게 활용할 수 있도록 한다. 셋째, 각 소단원은 대체로 한 시간의 교수 · 학습 활동 분량(제시 자료의 분량, 학생의 활동 시간 등을 감안)과 흐름에 맞추어 구성한다. 한편, 책이 완성된 뒤에 영어 또는 다른 현지어로 번역하여 아시아 · 태평양 지역에서 사용할 것을 염두에 두고 한국의 특수한 상황이 아니면 이해하기 어려운 내용도 가급적 넣지 않았다.

기획 작업이 거의 끝나갈 무렵 이시재 교수와 우석훈 박사가 계속 참여할 수 없게 되어 실제 집필은 한건수 교수와 서현정 박사 그리고 나 세 사람이 담당하였으며 그 과정에서 체제와 구성도 상당 부분 수정되었다. 또한 현장 교사들의 의견에 따라 책의 말미에 수업에 즉시 사용할 수 있도록 〈소재별 수업 계획 안〉 여섯 가지를 제시하였다. 물론 이러한 수업 계획 안은 단지 현장 교사의 참고와 편의를 위한 것에 불과하며, 이 책의 지은이들은 현장의 교사가 여러 다양한 방식의 수업 계획 안을 개발할 것을 기대하고 있다.

마지막으로 예정보다 늦어진 이 책의 개발 작업을 각별한 이해와 관심을 가지고 지원해 준 유네스코 아시아 · 태평양 국제이해교육원의 강대근 원장님, 한국국제이해교육학회 정두용 회장님을 비롯한 여러 선생님들과 교육인적자원부의 관계자 여러분 그리고 일조각의 여러분께 감사드린다.

2007년 3월 30일

한경구

국민대 국제학부 교수(문화인류학), 한국국제이해교육학회 부회장

차례

V 공장에서 만들어지는 음식

VI 식량 생산과 사람들의 이동

VII 굶주림을 극복하고 지속 가능한 발전으로

부록

문화마다 음식을 먹는 방법은 매우 다양하다. 같은 종류의 음식이라도 문화에 따라 먹는 방법이 제각각이고, 음식을 먹을 때 사용하는 도구와 식탁에서 지켜야 하는 예절도 모두 다르다. 각 사회와 문화마다 음식 재료와 만드는 법, 모양새가 다르고 음식이 그 사회 안에서 지닌 의미가 다르기 때문이다.

I 서로 다른 식사 예절

- 각 사회와 문화마다 다양한 식사법과 예절이 있다는 사실을 배운다.
- 문화가 다른 사회의 식사 초대를 받았을 때 예의 바르게 행동하는 방법에 대해 생각해 본다.
- 각 사회의 문화적 특성을 반영한 식사법과 예절은 사회 변화와 함께 변한다는 것을 이해한다.

어떤 음식이 맛있다는 것은 개인의 취향뿐만 아니라 집단의 문화적 차이에 의해서도 결정되는데, 심지어 먹을 수 있는 것과 없는 것이 문화에 따라 다르기도 하다. 사람들은 자신들의 문화를 기준으로 세상을 이해하고 행동하기 때문이다. 이처럼 자기 문화를 기준으로 다른 문화를 이해하고 판단하는 관점을 자문화 중심주의라고 한다. 반면에 각각의 문화는 고유한 환경과 역사적 배경에서 만들어진 것이므로 그 자체의 맥락에서 이해되고 존중받아야 한다는 관점을 문화상대주의라고 한다. 문화상대주의는 모든 인류는 기본적으로 동일한 본성을 갖고 있다는 생각에서 출발하며 문화의 다양성이야말로 인류가 지켜내야 할 보물이라고 여긴다.

01 음식을 먹는 방법

이 단원에서는

- ▶ 손으로 음식을 먹는 방법에도 일정한 규칙이 있음을 이해하고 음식을 먹는 다양한 방법의 의미에 대해 생각해 본다.
- ▶ 각 사회와 문화마다 음식을 먹을 때 사용하는 도구가 매우 다양하다는 사실을 이해한다.
- ▶ 한 사회 내의 식사 예절은 시간이 흐르면서 점차 변화한다는 것을 깨닫는다.

음식을 먹는 가장 간단한 방법은 아무런 도구도 사용하지 않고 자신의 손으로 먹는 것이다. 이것은 사람들이 오랫동안 가장 많이 사용한 방법이다. 우리는 보통 손 대신 숟가락이나 젓가락 같은 도구를 사용해서 음식을 먹지만, 게나 갈비 같은 음식을 먹을 때는 손으로 먹기도 한다. 서양의 엄격한 식사 예절에서도 빵은 손으로 뜯어 먹으며, 일본에서도 손으로 초밥을 집어 먹는 것은 예의에 어긋나지 않는다. 이처럼 손으로 음식을 먹는 것은 여러 문화에서 쉽게 찾아볼 수 있는데 문화마다 다른 규칙을 갖고 있다.

우리도 때로 손을 사용해서 음식을 먹기도 한다.

 손으로 음식 먹기

손으로 음식을 먹더라도 먹는 방법에는 일정한 규칙이 있다. 모든 사회에서 일단 음식을 먹기 전에 반드시 손을 씻어야 한다. 대부분의

손으로 음식을 먹는 문화에서는 반드시 오른손을 사용해서 식사를 한다.

음식을 손으로 먹는 인도나 중동 지역에서는 오른손과 왼손을 구분하는데, 식사를 할 때는 반드시 오른손만 사용한다. 왼손은 일상생활에서 지저분한 일을 해결하는 데 쓰는 손이기 때문이다. 또 먹기에 적당한 크기로 음식을 집고, 손가락도 정해진 몇 개만을 사용하며, 적절한 손동작으로 모양을 만든다. 손으로 음식을 먹는 문화에 사는 사람들은 음식 맛을 냄새나 혀를 통한 미각뿐만 아니라 손의 감촉으로도 느낀다고 말한다.

요루바 사람들의 식사법

요루바(Yoruba) 민족은 서아프리카 나이지리아에 살고 있다. 인구는 약 2,000만 명 정도이며 정교한 신화와 전통 종교를 갖고 있고 주로 농업과 상업에 종사한다.

요루바 사람들은 아프리카 사람들이 좋아하는 주식 작물의 하나인 얌을 삶아 뜨거운 물을 섞어 가며 절구에 찧거나, 또 다른 주식 작물인 카사바 가루를 뜨거운 물에 개어 반죽을 만든다. 반죽이 완성되면 사람들은 서로 대화를 즐기며 오른손을 사용해서 적당한 크기로 반죽을 떼어 내 동그란 경단 모양을 만든다. 이때 손 안에서 느껴지는 부드러운 감촉은 경단이 입에 들어가기도 전에 벌써 군침을 돌게 한다. 우아한 손동작으로 경단 모양을 만드는 요루바 사람들은 손을 사용해서 음식을 먹는 식사 예절의 정수를 보여 준다.

손이 제일 깨끗해!

손으로 음식을 집어 먹는 것을 깨끗하지 않다고 생각할 수도 있지만, 더러움이나 깨끗함의 기준은 문화에 따라 다르다. 힌두교를 믿는 사람들은 그릇이나 도구보다는 자신의 손을 사용하는 것이 가장 깨끗하다고 생각한다. 신분이 다른 사람들이 사용한 그릇이나 도구는 종교적 기준에서 보면 부정을 탔기 때문이다. 그래서 가장 안전하고 믿을 수 있는 자기 손으로 음식을 먹는다.

숟가락과 젓가락

각 사회와 문화마다 음식을 먹을 때 사용하는 도구의 모양은 매우 다양하다. 시간이 지나면서 각 사회에 알맞게 발전해 왔기 때문이다. 지리적으로 가까운 한국 · 중국 · 일본은 모두 숟가락과 젓가락을 도구로 사용하지만, 실제 그 모양을 보면 조금씩 차이가 있고 사용법도 세 나라가 조금씩 다르다. 같은 재료라도 요리하는 방법과 먹는 방법이 다르기 때문이다.

우리가 음식을 먹을 때 사용하는 숟가락과 젓가락.

생각해 보기

한 · 중 · 일 3국의 수저 사용

일본 사람은 밥을 먹을 때는 물론 국을 먹을 때도 그릇을 들어 입에 댄 채 젓가락을 사용해서 먹는다. 또 개인이 음식을 먹을 때 사용하는 젓가락과 음식을 덜어 낼 때 사용하는 젓가락을 구분하고, 나이와 성별에 따라 다양한 모양의 젓가락을 만들기도 한다.

국물 음식이 유달리 많은 우리나라에서는 숟가락 문화가 발달하였다.

중국 사람도 필요하면 그릇을 들어 입에 댄 채 젓가락을 사용해 먹는다. 국물 있는 음식을 먹을 때는 숟가락을 사용하기도 하지만 자주 쓰지는 않는다.

그러나 우리나라에서는 숟가락으로 밥과 국을 떠먹고 젓가락은 반찬을 집어 먹는 보조적인 도구로 사용한다. 국과 찌개류 같은 국물 음식이 발달하였고, 특히 찌개는 각자 그릇에 담아 먹지 않고 밥상 가운데에 놓고 함께 떠먹기 때문에 일본 사람들처럼 그릇을 들고 마시기가 어렵다. 오히려 우리나라 사람들은 식탁에서 손으로 그릇을 들거나 입에 대는 것은 무례한 행동이라고 생각한다.

유럽의 식사 예절

엄격한 식사 예절을 자랑하는 유럽 사람들도 처음부터 포크와 나이프로 우아하게 식사를 하지는 않았다. 중세 시대에 유럽 사람들은 둘이서 잔 하나로 음료를 마셨고, 접시에 있는 음식은 손으로 집어 먹었으며, 한 접시에 여러 명이 입을 대고 수프나 소스를 마시는 등 게걸스럽게 식사를 하였다.

생각해 보기

포크의 등장

유럽에서 포크를 처음 사용한 사람은 11세기에 베네치아 총독과 결혼한 비잔틴의 공주였다. 그녀는 금으로 만든 두 갈래의 작은 포크를 사용하였는데, 주위 사람들의 비웃음과 분노를 샀다고 한다. 신의 선물인 음식을 손으로 만지기를 거부하는 것은 신의 은총에 대한 모욕이라고 생각한 사람도 있었다.

오늘날 서양 음식을 먹을 때 반드시 사용하는 포크와 나이프.

유럽 사회에 포크 사용을 널리 퍼뜨린 사람은 이탈리아 피렌체 메디치 가의 카트린 드 메디시스(Catherine de Mé dicis)이다. 그녀는 1533년 프랑스 왕 앙리 2세와 결혼할 때 고향에서 사용하던 포크를 가져왔다. 프랑스 궁정에서도 포크 사용에 반발하는 사람들이 많았으나, 왕비의 아들인 앙리 3세가 포크를 사용할 것을 명령하였다. 포크는 이러한 우여곡절을 거쳐 200여 년 전부터 유럽에서 사용되기 시작하였고, 이후 식탁에서 이러한 도구를 올바르게 사용하는 방법에 대한 세세한 규칙이 만들어졌다.

손으로 음식을 먹는 문화의 식사 초대를 받았을 때 식탁 예절을 지키기 위해 어떤 준비를 해야 할지 함께 얘기해 보자.

얘기해 봅시다

· 손은 언제 씻어야 할까?
· 오른손과 왼손 중 어느 손을 사용해서 음식을 먹어야 할까?
· 손으로 음식을 집을 때 적당한 양은 어느 정도일까?
· 도구를 사용할 때와 손으로 식사를 할 때의 차이점은 무엇일까?

마무리

1 각 사회와 문화마다 음식을 먹는 방법은 매우 다양하다. 우리와 전혀 다른 식사 예절을 가진 사회에 대해서도 열린 마음으로 존중할 수 있어야 한다.

2 음식을 먹을 때 사용하는 도구는 각 사회와 문화에 알맞게 발전해 왔기 때문에 모양이 매우 다양하고, 형태가 비슷하더라도 각 사회마다 사용하는 방법은 제각각이다.

3 오늘날 서양 사람들의 엄격한 식사 예절은 많은 사람들의 손을 거쳐 오랜 세월 동안 이루어진 것이다. 이처럼 한 사회의 식사 예절은 시간이 흐르면서 조금씩 변화한다.

02 다양한 식사 예절

이 단원에서는

- 각 사회와 문화마다 다양한 식사 예절이 있음을 배운다.
- 식사 예절은 시대에 따라 변화한다는 사실을 이해한다.

각 문화마다 음식을 먹는 방법과 사용하는 도구가 다른 것처럼, 식탁에서 지켜야 하는 예절도 매우 다양하다. 문화마다 각각의 환경에 알맞게 식사 예절을 발전시켜 왔기 때문이다.

우리나라와 일본의 식사 예절

우리나라와 일본은 지리적으로 가깝고 숟가락과 젓가락을 식사 도구로 사용하지만 근본적으로 사회와 문화가 다르기 때문에 식사 예절에서도 많은 차이점이 나타난다.

우리나라에서는 어른이 수저를 들어 음식을 드시기 전에는 수저를 들지 않고 기다린다. 또 숟가락과 젓가락은 한 손에 동시에 들지 않으며, 그릇 위에 얹어 놓지도 않고, 식사 중에 숟가락과 젓가락으로 다른 사람을 가리키는 것은 무례한 행동이라고 여긴다.

일본에서는 밥과 반찬을 번갈아 먹는데, 이때 반찬의 맛이 섞이기 때문에 반찬을 집었던 젓가락으로 다른 반찬을 다시 집으면 예의에 어긋난다. 또 멀리 있는 접시에 담긴 음식은 젓가락으로 집지 않고 접시를 가까이 옮겨 자신의 그릇에 덜어 먹어야 한다. 식사를 할 때 왼손은 그릇을 들거나 내려 놓을 때 사용하며 오른손으로 젓가락을 들고 음식을 먹는다.

다양한 차(茶) 문화

식사 예절처럼 차(茶)를 마시는 방법도 문화마다 다르다. 19세기에 영국 사람들은 격식을 갖춘 예쁘고 화려한 찻주전자와 찻잔에 찻잎을 직접 우려내서 마셨다. 사람들은 함께 차를 마시면서 자신들의 부와 교양을 과시하고 여러 가지 소문과 정보를 나누는 등 교제의 기회로 이용하였다.

일본 다도는 형식성을 중시하는 모습으로 발전하였다.

한국과 중국에서 나타난 다도(茶道)가 철저한 자연스러움을 추구한 데 반해, 일본의 다도는 차를 마시는 방법을 가장 복잡하고 정교하게 발전시켰다. 특유의 섬세한 미의식을 기반으로 한 일본 다도는 사람들이 함께 모여 차를 준비하고 마시는 전 과정에 보통 사람들은 쉽게 따라할 수 없는 세세한 규칙을 갖고 있다. 이처럼 다양한 차 문화는 오랜 세월 동안 각 사회의 특성에 가장 알맞은 모습으로 발달해 온 것이다.

변화하는 식사 예절

식사 예절은 시대에 따라 변화하는 모습을 보인다. 바쁜 현대인들은 예전처럼 식사를 하는 데 많은 시간을 보낼 수 없기 때문에, 짧은 시간 내에 간편하게 식사를 하려는 사람들을 위한 다양한 패스트푸드 식당이 점점 늘어나고 있다.

테이크아웃 커피 전문점의 등장으로 사람들은 길거리에서 커피나 차를 즐기게 되었다.

커피나 차를 마시는 방법도 달라지고 있다. 테이크아웃 커피 전문점이 등장하면서 요즘에는 여러 사람이 모여 격식을 갖추어 차를 마시기보다는, 길거리에서 커피나 차를 손에 들고 다니며 마시는 모습을 쉽게 볼 수 있다. 이처럼 도시화와 산업화로 인해 변화된 생활은 사람들의 식사 예절도 바꾸고 있다.

함께 해보기

부모님과 함께 예법에 따라 차를 끓여 마셔 보고, 테이크아웃 음료를 걸어가며 마실 때와 어떻게 다른지 얘기해 보자.

모둠원들이 함께 의논하여 나라를 하나 선택해서 그 나라의 식사 예절을 알아보고, 각각의 식사 예절에 따라 음식을 먹는 역할극을 꾸며 발표해 보자.

1 사회와 문화마다 식사 예절은 매우 다양하기 때문에, 여러 가지 식사 예절을 조사해 보면 다른 문화의 특색을 배울 수 있다.

2 차를 마시는 방법도 문화마다 다양한데, 사람들은 함께 차를 마시면서 서로 친분을 쌓는 기회로 이용하기도 한다.

3 식사 예절은 시대에 따라 변화하는 모습을 보인다. 특히 요즘에는 도시화와 산업화로 인해 더욱 빠르게 바뀌고 있다.

03 서로 다른 상차림

이 단원에서는

- ▶ 비슷한 음식도 문화에 따라 먹는 방법이 다르다는 사실을 이해한다.
- ▶ 각 사회와 문화의 특성이 담겨 있는 상차림은 시대에 따라 변화한다는 사실을 배운다.

한국 · 중국 · 일본에서는 밥이 주식이지만, 먹는 방법은 세 나라가 각각 다르다. 이처럼 문화에 따라 비슷한 음식도 다른 방법으로 먹기도 한다. 특히 서양과 동양은 음식 문화 자체가 많이 다르기 때문에 먹는 방법이 다를 수밖에 없다.

동양권에서는 간이 되어 있지 않은 밥과 반찬을 한 상에 차려 놓고 함께 먹지만, 각각의 음식을 하나하나 순서에 따라 차례로 먹는 서양 사람들에게 우리의 반찬이라는 개념은 매우 낯설다. 그래서 우리나라 사람 집에 초대받은 서양 사람이 밥과 반찬을 따로 먹는 모습을 종종 볼 수 있다.

서양 사람들은 각각의 음식을 하나하나 순서에 따라 먹는다.

음식을 먹는 다양한 방법

밥과 반찬을 함께 먹는 문화에서도 음식을 먹는 방법이 모두 똑같지는 않다. 한국과 일본은 같은 동양권이고 지리적으로도 가깝지만 비슷한 음식을 다른 방법으로 먹는다.

일본 사람들의 카레라이스 먹는 법.

일본 사람들은 비빔밥을 먹을 때 우리처럼 밥과 야채, 고추장을 모두 섞어 비비지 않고, 먼저 밥을 떠먹은 후에 젓가락으로 밥 위에 얹혀 있는 야채나 고기를 따로 먹는다. 이것은 일본에서 덮밥 요리를 먹는 방법이다. 실제로 일본 사람들은 카레라이스를 먹을 때도 밥과 카레를 섞어 비비지 않고, 밥 위에 얹혀 있는 카레를 밥과 함께 떠서 먹는다. 이처럼 비슷한 재료를 사용하고 같은 형태의 음식이라도 나라마다 독특한 자신들만의 방법으로 먹을 때가 많다.

변화하는 상차림

'상다리가 부러진다'는 표현은 한 상에 잘 차려져 있는 한국 음식상을 칭찬하는 표현이다. 먹을 것이 부족하였던 옛날에는 잔칫날 온 손님들에게 상다리가 부러질 정도로 푸짐한 음식을 대접하는 것이 중요하였다. 그러나 지금은 이런 전통을 고집하는 것이 환경오염과 자원 낭비의 원인이 되기 때문에 먹을 만큼만 준비하는 상차림을 더 바람직하게 여기고 있다. 이처럼 시간이 흐르면서 상차림 모습도 바뀌어 간다.

다른 문화와의 만남을 통해서도 상차림은 변화한다. 전통 한국식 상차림에서는 모든 음식을 커다란 상에 한꺼번에 차려 놓고 먹었지만, 요즘에는 한정식 식당에서도 음식을 한 상에 차리지 않고 서양 음식을 먹을 때처럼 차례차례 접시에 담아 내오는 것을 볼 수 있다. 이때 음식을 내오는 순서도 전채 요리는 처음에, 식사인 밥과 국은 나중에 준다.

커다란 상에 음식을 푸짐하게 차려 놓은 전통 한국식 상차림.

함께 해보기

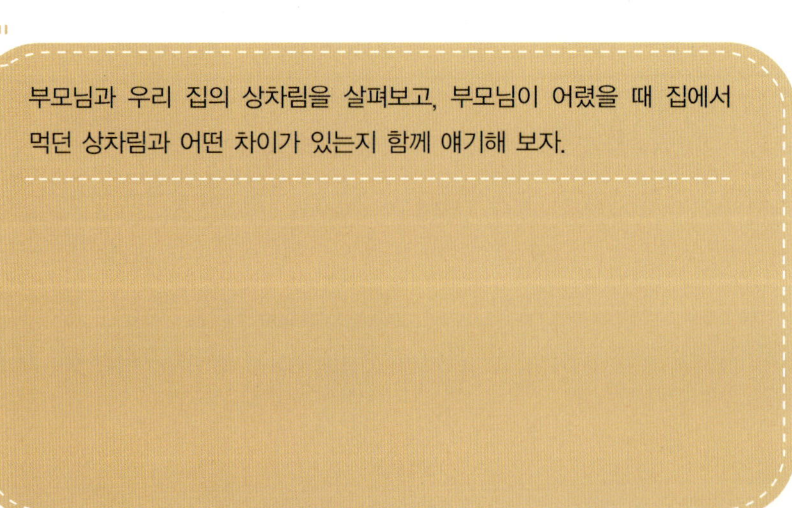

부모님과 우리 집의 상차림을 살펴보고, 부모님이 어렸을 때 집에서 먹던 상차림과 어떤 차이가 있는지 함께 얘기해 보자.

상차림은 문화마다 다를 뿐 아니라, 같은 문화 안에서도 상을 차리는 문화적 규칙이 다르거나 시간이 흐르면서 변화하기 때문에 매우 다양하다. 친환경 음식을 중요한 원칙으로 삼는다면 우리 집의 상차림 모습은 어떻게 바뀔지 모둠별로 제안해 보자.

1 각 사회와 문화마다 음식을 먹는 방법은 매우 다양하기 때문에 비슷한 음식이라도 문화에 따라 먹는 방법이 다를 수 있다.

2 상차림은 시간이 흐르면서 바뀌기도 하지만, 다른 문화와의 만남을 통해서도 변화한다. 최근 서양 문화가 급격히 들어오면서 우리나라의 전통 상차림 모습도 많이 바뀌었다.

종교는 신에 대한 믿음을 갖는 것으로 그 믿음을 표현하는 방법에는 여러 가지가 있는데, 어떤 음식을 어떻게 먹는가 하는 것도 방법이 될 수 있다. 예컨대 각각의 종교는 먹을 수 있는 음식과 먹을 수 없는 음식을 정해 놓았고, 신도들은 그러한 음식을 함께 먹거나 굶음으로써 자신들의 종교적 믿음을 나타낸다. 그런데 이렇게 종교의 이름으로 정해진 음식에 대한 여러 가지 규범은 실제로는 그 지역의 자연환경이나 사회문화적 환경과 밀접한 관련이 있다.

Ⅱ 종교적 믿음과 음식

- 종교에는 신에 대한 믿음을 강화하기 위한 다양한 교리와 규범이 있음을 배운다.
- 음식이 종교적 믿음을 표현하는 중요한 수단이 될 수 있음을 깨닫는다.
- 종교는 신에 대한 믿음에서 출발하지만, 각 종교의 교리와 규범은 그 종교가 존재하는 사회의 자연적 · 문화적 환경과 관련이 있음을 이해한다.

음식에 대한 금기는 그 이유가 매우 다양한데, 그중에서도 종교적 가르침이 가장 중요한 역할을 한다. 그러나 같은 종교라 하더라도 그것이 속한 사회와 문화에 따라 구체적인 금기 음식은 상당히 다르다. 특정 음식에 대한 금기는 그 이유와는 상관없이 단지 선택의 문제이기 때문에 우리의 잣대로 좋다 나쁘다 판단해서는 안 되며, 다른 문화의 금기 음식에 대해 열린 마음으로 받아들이려는 자세가 필요하다.

01 종교와 금기 음식

이 단원에서는

- ▶ 금기 음식이란 무엇인지 배우고, 종교에서 금기 음식을 두는 이유가 무엇인지 생각해 본다.
- ▶ 각 사회마다 갖고 있는 금기 음식에 대해 조사해 보고, 왜 금기 음식이 되었는지 각자의 생각을 정리해서 발표해 본다.

종교마다 음식과 관련된 가르침을 가지고 있다. 이슬람교와 유대교에서는 돼지를 부정한 동물로 여겨 먹지 말라고 하고, 힌두교에서는 암소가 성스러운 동물이기 때문에 먹어서는 안 된다고 가르친다. 또 생명의 윤회를 믿는 불교에서는 사람이나 동물이나 똑같은 생명이기 때문에 동물을 죽여서 얻는 육류를 먹지 말라고 한다. 이렇게 먹어서는 안 되는 음식을 우리는 금기 음식이라고 부른다.

 이슬람교의 금기 음식, 돼지고기

종교에서 금기 음식을 두는 이유는 무엇일까? 이슬람 학자들은 돼지가 잡식성 동물이고 지저분한 우리에서 생활하며 거의 움직임이 없

는 게으른 습성을 갖고 있기 때문에 그들의 신인 알라가 부정한 동물로 정하였다고 해석한다.

그러나 인간의 사회와 문화에 관심을 갖는 학자들은 이슬람교가 시작된 중동 지역의 기후와 생활환경에서 그 이유를 찾는다. 중동 지역은 기후가 덥고 건조해서 돼지를 기르기 어렵고 위생상으로도 좋지 않다. 이처럼 이 지역에서 돼지를 기르는 것은 사회 전체를 위해 이익이 되지 않으므로 금기로 만들었다는 주장이다. 이러한 예는 다른 종교에서도 찾아볼 수 있다.

북유럽 사람들이 싫어하는 오징어와 문어

금기 음식을 두는 이유가 꼭 종교적인 것에만 있는 것은 아니다. 사람들은 사회와 문화에 따라 달라지는 여러 가지 이유 때문에 먹을 수 없는 금기 음식을 만들어 내기도 한다.

예컨대 우리나라와 일본은 물론 유럽 나라인 이탈리아와 그리스에서는 아주 인기가 많은 오징어와 문어가 북유럽 지역에서는 금기 음식이다. 북유럽 사람들이 오징어나 문어를 먹지 않는 것은 그들에게 익숙한 음식이 아니기 때문이다.

오징어순대. 오징어를 이용해서 만든 우리 전통 음식.

오징어와 문어는 따뜻한 바다에서 사는 생물이라 추운 북유럽 바다에서는 쉽게 볼 수 없고 또 오징어와 문어의 독특한 생김새도 금기 음식이 되는 데 영향을 미쳤다. 하지만 다른 사람 눈에는 이상하게 생겼어도 자기들은 맛있는 음식이라고 생각하는 것이 어느 사회에나 있다.

사람들은 결국 자신을 둘러싼 환경과 생활에 맞추어 음식을 선택하고 판단한다.

북유럽의 문어 괴물, 크라켄(Kraken) 이야기

북유럽 지역에는 문어를 닮은, 몸의 총 길이가 2킬로미터가 넘는 대형 괴물이 북극해 주변에 나타난다는 전설이 전해 내려온다. 크라켄이라는 이름을 가진 이 괴물은 긴 다리를 이용해 배를 습격하고 선원들을 바다 속으로 끌어들인다고 알려져 오랫동안 엄청난 공포의 대상이었다. 다른 바다 생물과는 다른 문어의 긴 다리와 빨판 같은 생김새 때문에 이러한 무서운 이미지가 생겨난 것으로 생각된다.

어린이 만화에 많이 등장하는 대형 문어 괴물들도 크라켄을 본떠 만든 것들이다. 이처럼 문어를 끔찍한 괴물로 생각하는 환경에서는 당연히 먹는 것은 생각도 못할 일이었다.

'할랄'과 '코셔', 우리 음식 만들기

금기 음식 말고도 종교에는 정해진 의례와 방법에 따라 만들도록 요구되는 음식이 있다. 그중 대표적인 것이 적절한 의례 절차를 거쳐 도살한 육류를 의미하는 이슬람교의 '할랄(허용되는 것)'과 유대교의 '코셔(정결한 음식)'이다. '할랄'과 '코셔'는 도살만 엄격하게 하는 것이 아니라 조리 과정에서도 다른 음식 재료를 요리한 식기에 닿지 않도록 주의해야 한다. 재료의 순수성을 지켜야 하기 때문이다.

할랄 음식임을 나타내는 마크.

이렇게 정해진 절차에 따라 음식을 만들도록 요구하는 것은 음식을 통해 '우리'와 '남'을 구별하려 하기 때문이다. 무슨 음식을 먹는가를 보면 그 사람이 어떤 사람인지 알 수 있다는 말이 있듯이, 같은 음식을 먹는 사람은 나와 같은 사회의 사람이다. 따라서 특별하게 만들어진 음식을 함께 먹음으로써 같은 종교를 믿는 사람들이라는 것을 강조하려는 것이다.

함께 해 보기

우리나라 사람들은 먹으면 안 된다고 생각하지만 다른 나라 사람들은 즐겨 먹는 음식에는 어떤 것이 있는지, 왜 우리나라 사람들은 그 음식을 좋아하지 않는지 조사해 보자. 또 우리나라 사람들은 즐겨 먹지만 다른 나라 사람들은 먹지 않는 음식에는 어떤 것이 있는지, 왜 먹지 않는지 조사해 보자.

여러 나라의 금기 음식

우리나라와 일본 사람들은 김이나 다시마 같은 말린 해조류를 좋아하지만, 남아메리카 지역에 사는 사람들은 대부분 먹을 수 없는 음식이라고 생각한다. 김이나 다시마의 검은색이 죽음을 뜻한다고 여기기 때문이다. 또 우리나라를 비롯해서 유럽이나 미국 등 많은 나라에서 벌레와 곤충은 먹을 수 없는 음식이다. 그러나 중국이나 동남아시아 지역의 여러 나라에서는 영양 많고 맛있는 소중한 음식이기 때문에, 우리나라 분식집의 어묵 꼬치처럼 길에서 잠자리나 풍뎅이 같은 벌레 꼬치를 파는 것을 쉽게 볼 수 있다.

벌레 꼬치.

마무리

1 우리는 한 사회와 문화 또는 종교에서 먹지 말라고 규정한 음식을 금기 음식이라고 부른다.

2 사람들은 자신을 둘러싼 환경과 생활에 맞추어 음식을 선택하고 판단하기 때문에, 우리가 좋아하는 음식이 다른 지역에서는 금기 음식일 수도 있다.

3 사람들은 음식을 통해 '우리'와 '남'을 구별하려는 경향이 있다. 그래서 종교에서는 특별하게 만들어진 음식을 함께 먹거나 또는 다 같이 먹지 않음으로써 같은 종교를 믿는 사람들이라는 것을 강조한다.

02 함께 먹는 음식의 중요성

이 단원에서는

- ▶ 사람들이 모여 음식을 함께 나누어 먹는 행위가 가지는 의미에 대해 토론해 본다.
- ▶ 정성스럽게 준비한 음식을 조상에게 올리는 제사와 차례에 깃든 종교적 의미에 대해 생각해 본다.

많은 문화에서 음식을 같이 먹는 것은 중요한 의미를 가진다. 우리나라에서 가족을 뜻하는 '식구'라는 단어는 '함께 음식을 먹는 사람'을, '한솥밥을 먹는다'는 표현은 '운명을 같이한다'는 것을 의미한다. 먹을거리를 구하기 어려웠던 시절에 음식을 나누어 먹는 것은 가장 중요한 것을 공유한다는 의미였고 서로에 대한 특별한 유대감을 형성하는 계기가 되었다.

그래서 지금도 즐거운 일이나 축하할 일이 생기면 함께 모여 식사를 한다. 모여서 같이 음식을 나누어 먹으면 서로 간의 친밀감과 유대감을 높일 수 있다. 영어에서 동료 또는 친구를 뜻하는 단어인 컴패니언(companion)도 라틴어에서 '함께'라는 뜻을 가진 콤(com)과 '빵'을 뜻하는 파니스(panis)가 합쳐진 말로, '빵을 나누어 먹는 사람'이라는 의미를 갖고 있다.

제사 음식 나누어 먹기

음식을 나누어 먹는 것은 매우 중요한 일이기에 때로는 종교적인 의미가 덧붙여지기도 한다. 우리 주변에서 가장 쉽게 접할 수 있는 예로 정성스럽게 준비한 음식을 조상에게 올리는 제사와 차례를 생각해 볼 수 있다.

제사상에는 색과 종류에 따라 정해진 음식들을 예법에 맞추어 올려놓는다. 시간이 흐르면서 올리는 음식의 종류도 변화하고는 있지만, 아직도 이를 따르지 않으면 조상을 제대로 모시지 못한다는 이야기를 듣는다. 이것은 음식에 종교적 의미가 부여되었기 때문이다.

제사 음식을 나누어 먹으면서 사람들은 같은 조상의 후손임을 재확인한다.

제사 음식의 가장 중요한 기능은 제사가 끝난 후에 참석하였던 모든 사람들이 음식을 함께 먹는 데 있다. 친척들이 다 같이 모여 서로 안부를 주고받고 조상과 신이 드신 음식을 함께 나누어 먹음으로써 같은 조상의 후손임을 느끼고 서로의 관계를 재확인하는 것이다. 그래서 제사에 참석하지 못한 친척이 있으면 남은 음식을 싸서 보내기도 한다.

제사 음식의 새로운 변화

시간이 흘러 제사 음식이 변화하더라도 거기에 담긴 의미는 그대로 유지된다.

요즘에는 제사상에 올리는 음식에도 변화가 일어나고 있다. 예전부터 내려오는 특별한 제사 음식을 예법에 맞추어 준비하기도 하지만, 돌아가신 조부모님이 즐기셨던 음식이나 외국에서 들어온 바나나나 파인애플 같은 새로운 과일을 올리기도 한다. 이러한 변화만 보면 과거로부터 이어져 온 우리의 전통이 사라지는 것 같은 느낌이 들기도 한다.

그러나 제사 음식의 가장 중요한 의미는 조상과 나, 우리가 함께하는 데 있다는 것을 생각하면, 음식의 종류나 올리는 규칙이 변화해도 그 의미에는 커다란 차이가 없다. 이처럼 세월이 흘러도 음식을 함께 먹는 것은 사람들 사이의 결속을 다지게 만들고 또 신이나 조상과 가까워지려는 사람들의 희망도 담고 있다.

부모님과 함께 차례나 제사 음식을 직접 만들어 보면서 거기에 담긴 종교적 의미에 대해 생각해 보자.

집에서 제사를 지내는 사람들은 제사상이 어떻게 차려지는지 관찰해 보고, 특별히 자기 집에서만 제사상에 올리는 음식이 있다면 그 이유가 무엇인지 생각해 보자.

지역마다 다른 제사 음식

제사상에는 기본적으로 각 지역에서 나는 제일 귀한 음식들을 올린다. 그래서 산골 마을에서는 산나물이나 민물고기, 바닷가 마을에서는 문어 같은 여러 종류의 바닷고기가 제사상에 올려진다. 또 경북 영주처럼 인삼이 특산물인 지역에서는 인삼이, 봉화처럼 송이가 유명한 곳에서는 송이버섯이 중요한 제사 음식이 된다.

음식을 함께 나누어 먹으면 친구들과 친밀감과 유대감을 쌓을 수 있다. 학교급식을 먹을 때 평소 서먹서먹하던 친구들과 같이 먹으면서 새로운 우정을 만들어 보자.

1 사람들이 함께 모여 음식을 나누어 먹는 것은 서로 간에 특별한 친밀감을 형성한다는 의미를 가진다.

2 제사에 참석한 친척들은 조상이 드신 음식을 함께 나누어 먹음으로써 같은 조상의 후손임을 느끼고 서로의 관계를 재확인한다. 이처럼 제사 음식에는 종교적 의미가 깃들어 있다.

3 시간이 흐르면서 제사상에 올리는 음식이나 예법은 많이 바뀌었지만, 모두가 한 조상의 자손이라는 것을 새삼 느끼게 만드는 제사 음식의 원래 기능은 그대로 유지되고 있다.

03 금식의 종교적 의미

이 단원에서는

- 종교에서 금식은 신에 대한 믿음을 보이거나 자신이 원하는 것을 기원하는 행위라는 사실을 배운다.
- 금식은 종교적 믿음뿐만 아니라 자신의 정치적 주장을 표현하는 방법이 된다는 것을 이해한다.

사람들이 다 같이 모여 음식을 함께 먹는 것도 중요하지만, 음식을 함께 먹지 않는 것도 신에 대한 믿음을 보여 줄 수 있는 방법이다. 그래서 신에게 더 가까이 다가가려는 노력의 하나로 금식을 택한 종교들이 많이 있다.

종교에서 금식은 인간이 살아가는 데 가장 기본적인 요소인 음식을 먹지 않음으로써 자신의 믿음을 증명하거나, 때로는 자신이 원하는 것을 기원하는 행위가 되기도 한다.

이슬람교의 금식 기간, 라마단

종교적 믿음과 관련된 금식 중에서 가장 널리 알려진 것이 이슬람교 신자들이 이슬람력 9월 한 달 동안 행하는 라마단이다. 아랍어로 '더운 달'을 뜻하는 라마단 기간 동안에 이슬람교 신자들은 해가 떠 있는 낮에는 음식뿐만 아니라 물도 마시지 않으면서 철저히 금식을 하고, 해가 진 후에야 제대로 된 식사를 한다.

해가 진 후에 먹을 식사를 준비하는 이슬람 신자들.

이슬람교에서 라마단 단식은 신자들이 지켜야 할 가장 중요한 다섯 가지 의무 가운데 하나로, 이 기간 동안 전 세계 이슬람교 신자들은 다 같이 배고픔에 동참하며 알라의 가르침에 집중한다.

그러면서 종교적 수행을 게을리 하였던 자신을 반성하고, 세상에 대한 헛된 욕심을 버리고, 가난하고 굶주린 자들을 기억하고 불쌍히 여기는 마음을 갖는다. 나아가 배고픔을 함께 견디는 다른 신자들을 보면서 모두가 이슬람교를 믿는 형제자매라는 것을 깨닫고 서로 격려하며 친밀감을 느낀다.

고행과 인내의 금식 기간이 끝나면 이슬람교 신자들은 성대한 축제를 여는데, 이것이 바로 '이드 알 피트르' 축제다. 라마단이 성공적으로 끝난 것을 축하하는 3일간의 축제 기간 동안, 신자들은 목욕재계하고 사원에서 감사 기도를 드린 후 양고기를 준비해서 이웃과 함께 배불리 먹는다. 또 가난한 사람들에게 음식을 나눠 주면서 이슬람교의 주요 덕목인 자비를 실천한다.

소망을 기원하는 금식

음식을 먹지 않고 기도를 함으로써 신에게 좀더 가까이 다가가려는 노력은 다른 종교에서도 쉽게 찾아볼 수 있다. 성경을 보면 예수님이 광야에서 40일간 금식 기도를 하면서 하나님의 뜻을 알고자 하였다는 내용이 있다. 오늘날에도 많은 기독교인들이 자신들의 소망을 간절히 기원할 때 금식 기도를 올린다.

정치적 주장의 표현, 금식

금식은 종교뿐만 아니라 정치적 주장이 있을 때도 나타난다. 사람들은 불의에 저항하거나 아무리 항의해도 응답이 없을 때 단식으로 자신의 주장을 표현하기도 한다. 인도의 위대한 민족주의 지도자 간디는 평화운동의 한 방법으로 단식을 택하여 전 세계에 자신의 생각을 널리 알렸다. 배고픔을 참고 나아가 자신의 생명을 위태롭게 할 수도 있는 단식을 함으로써 자신의 주장이 이기적인 동기에서 나온 것이 아니라는 점을 분명히 보여 준 것이다.

단식으로 자신의 정치적 주장을 전 세계에 널리 알린 간디.

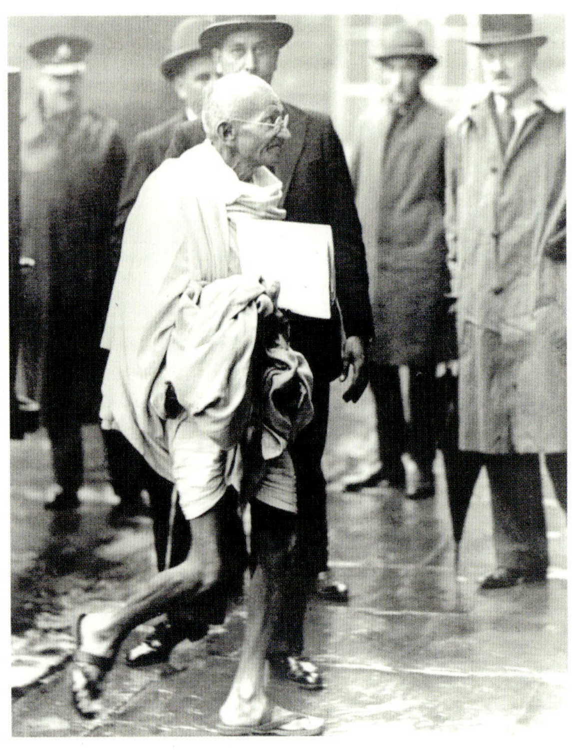

이처럼 음식을 먹지 않는 것은 간절한 종교적 · 정치적 소망을 표현하는 상징적 노력이다. 또 함께 음식을 먹지 않는 것은 함께 먹는 것만큼이나 서로가 하나임을 확인할 수 있는 중요한 계기가 된다.

친구들과 점심이나 저녁 식사 한 끼를 함께 굶으면서 금식이 종교적 믿음이나 정치적 주장을 담아낼 만큼 어렵고 힘든 일이라는 것을 직접 느껴 보자.

마무리

1 종교에서 금식은 인간이 살아가는 데 가장 기본이 되는 음식을 먹지 않음으로써 신에 대한 믿음을 보이거나 자신이 원하는 것을 기원하는 행위가 된다.

2 금식을 통해 신에게 가까이 다가가려는 인간의 노력은 기독교, 이슬람교 같은 특정 종교에 치우치지 않고 여러 종교에서 발견할 수 있는 보편적인 행위이다.

3 금식은 불의에 저항하거나 자신의 정치적 주장을 표현할 때도 사용된다. 이때 사람들은 자칫 생명이 위험해질 수 있는 단식을 통해 자신의 주장이 이기적 동기에서 나온 것이 아니라는 점을 분명히 보여 주려 한다.

이 세상 누구도 혼자서 살아갈 수는 없다. 사람들은 서로 새로운 것을 가르쳐 주고 배우며 살아간다. 세계 역사를 살펴보면 사람들이 모여 사는 사회는 어디나 마찬가지라는 것을 알 수 있다. 우리는 나라마다 사회마다 옛날부터 먹어 온 자기만의 음식이 있다고 생각하지만 꼭 그렇지는 않다. 음식을 살펴보면 사람들이 역사 속에서 어떻게 서로 문화를 주고받고 배워 왔는지를 알 수 있다.

Ⅲ 음식으로 연결된 세계

- 전통은 끊임없이 변화한다는 것을 깨닫는다.
- 서로 다른 사회가 만날 때 문화는 주고받는 사회의 상황에 따라 변화한다는 사실을 이해한다.
- 지금 우리가 살고 있는 세계는 사회 간의 수많은 역사적 교류에 의해 만들어졌다는 사실을 이해한다.
- 세계화의 흐름 속에서 우리나라의 음식 문화가 어떻게 변화하고 있는지 알아본다.

더 많은 향신료를 얻으려는 유럽 사람들의 욕심은 신항로 개척을 촉진하였고, 이를 계기로 유럽 나라들의 세계 식민지화가 시작되었다. 이처럼 세계는 음식으로 연결되어 있으며 문화 간 음식 교류는 때로 인류 역사에서 커다란 변화를 일으키기도 한다. 세계화가 급속도로 이루어지고 있는 오늘날에는 더 커다란 변화가 더 빠르게 진행되고 있다.

01 세계로 전해진 음식

이 단원에서는

- 지금 우리가 즐겨 먹는 음식 대부분은 다른 사회와의 만남을 통해 들어온 것이라는 사실을 이해한다.
- 사람들은 음식 재료뿐만 아니라 음식 만드는 법도 서로 주고받는다는 것을 배운다.
- 여러 사회 간 음식 교류는 때로 한 사회 내에 더 커다란 변화를 일으키기도 한다는 사실을 배운다.

서로 다른 문화를 가진 사회들이 만나서 전해 주고 전해 받은 음식 중에는, 그 음식의 고향에서 직접 들어온 것들도 있지만 여러 사회를 거쳐서 전해진 것들도 있다. 또 들어온 지 얼마 되지 않은 음식도 있지만, 아주 오래전에 전해져서 사람들이 다른 사회에서 왔다는 사실을 잊어 버려 원래부터 자기 음식이었다고 생각하는 것들도 있다.

여러 사회를 거쳐 전해진 사과.

예컨대 피자나 바나나, 아이스크림 등은 원래 우리나라 음식이 아니라는 것을 누구나 잘 알고 있지만, 감자, 사과, 고추가 다른 나라에서 들어왔다는 사실은 잘 모르는 사람이 더 많다. 오래전에 전해져서 우리의 먹을거리 중에서 절대 빼놓을 수 없는 중요한 음식이 되었기 때문이다. 이처럼 다른 사회와의 음식 교류는 우리의 먹을거리를 더 풍부하게 만들어 준다. 오늘날에는 문화 간 음식 교류가 더 활발하게 이루어지고 있다.

세계를 여행한 감자, 고추, 사과

우리나라 음식 가운데 매운 배추김치는 전 세계적으로 유명하다. 그런데 우리에게 익숙한 고춧가루가 들어간 빨간 배추김치를 먹기 시작한 것은 그리 오래되지 않았다. 김치의 매운 맛을 내는 고추는 유럽과 일본을 거쳐 200여 년 전쯤에 우리나라에 들어왔고, 배추는 중국에서 전래되었다. 그래서 고추도 배추도 없던 옛날에 우리 조상들은 오랫동안 허연 무김치 같은 것을 만들어 먹었다. 멕시코가 고향인 감자는 고추와 비슷한 길을 따라 우리나라에 전해졌고, 사과는 유럽에서 중국을 거쳐 들어왔다. 비록 다른 사회에서 들어온 감자, 사과, 고추지만 지금은 우리 문화를 대표하는 먹을거리가 되었다.

이탈리아 사람들의 토마토

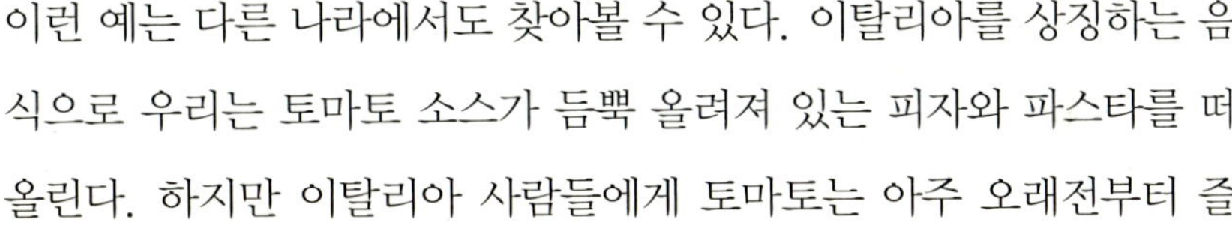

이런 예는 다른 나라에서도 찾아볼 수 있다. 이탈리아를 상징하는 음식으로 우리는 토마토 소스가 듬뿍 올려져 있는 피자와 파스타를 떠올린다. 하지만 이탈리아 사람들에게 토마토는 아주 오래전부터 즐겨 먹던 음식 재료가 아니다. 우리의 고추처럼 토마토도 아메리카 대륙과 세계의 교류가 본격적으로 시작되었던 약 200년 전에 멕시코에서 유럽으로 전해진 것이다. 그래서 지금처럼 이탈리아 사람들이 토마토를 즐겨 먹게 된 것은 불과 100여 년 전 일이라고 한다. 토마토는 유럽 전체에 전해졌지만, 특히 자연환경과 기후가 토마토 재배에 적당한 이탈리아 남쪽 지방에서 사랑을 받았다.

토마토가 듬뿍 올려져 있는 피자.

음식 만드는 법 주고받기

음식 재료만 서로 전해 주는 것이 아니라, 만드는 법도 서로 주고받는다. 우리가 즐겨 먹는 국수와 두부를 만드는 법은 중국 사람들이 알려 주었고, 우리나라 사람들이 이것을 다시 일본에 전해 주었다. 또 어른들이 좋아하시는 소주는 몽골 사람들이 전해 준 것이다. 우리나라 사람들은 몽골에 상추쌈 먹는 법을 알려 주었다. 지금 우리가 만나는 풍요로운 먹을거리는 이렇게 오랜 세월 동안 많은 사람들 또는 사회와의 만남 속에서 이루어진 것이다. 여러 사회와의 교류가 없었다면 우리는 지금처럼 맛있는 음식을 마음껏 먹으며 살 수 없었을지도 모른다.

구황작물과 세계의 변화

음식 교류는 한 사회 내에서 커다란 변화를 일으키기도 한다.

음식의 교류는 풍요로운 먹을거리를 만들어 내는 데서 끝나지 않고 더 커다란 변화를 사회에 일으키기도 한다. 가뭄이 들거나 자연환경이 좋지 않아 먹을 것이 부족할 때 사람들이 주식 대신 먹을 수 있는 작물을 구황작물이라고 하는데 감자, 옥수수, 고구마가 대표적이다. 아메리카에서 유럽으로 전해진 감자, 옥수수, 고구마는 식량이 부족할 때마다 사람들에게 커다란 도움을 주었다. 그래서 유럽 전체가 전쟁이나 기근 같은 어려운 고비를 겪으

면서도 인구가 계속 증가하여 사회가 더욱 빠르게 발달할 수 있도록 만들었다. 감자, 옥수수, 고구마가 없었다면 유럽 역사는 어떻게 달라졌을지 알 수 없다.

향신료와 식민지 전쟁

육식을 주로 하던 유럽 사람들에게 동양에서 들어온 후추, 겨자, 계피 같은 향신료는 고기를 상하지 않게 하고 맛을 좋게 만드는 귀중한 양념이었다. 때로는 약이나 차로 이용되기도 하였다. 그래서 사람들은 값비싼 향신료를 남들보다 좀더 빨리 더 많이 얻으려고 노력하였다. 결국 동양의 향신료는 유럽 사람들의 신항로 개척을 촉진하여 아시아와 아메리카의 여러 나라들을 식민지로 삼는 전쟁을 일으키게 만들었다. 작은 후추 씨 알갱이가 인류 역사에 커다란 변화를 일으킨 것이다.

우리에게 익숙한 음식들은 언제 어디서 들어온 것인지 친구들과 함께 조사해 보자.

달콤한 설탕은 어떻게 우리나라에 들어왔을까?

음식	들어온 시기	원산지
감자		
고구마		
고추		
두부		
사과		
설탕		
옥수수		
우유		
차		

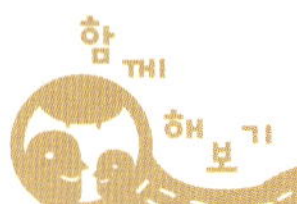

음식 교류는 과거에만 있었던 것은 아니다. 지금도 세계 여러 나라의 음식들이 서로 영향을 주고받으며 새로운 음식을 만들어 내고 있다. 최근 이런 영향으로 우리 주위에서 발견할 수 있는 새로운 음식이나 요리법을 조사해서 발표해 보자.

마무리

1 원래 우리 음식이었다고 생각하는 것 가운데 많은 음식들이 다른 사회에서 들어왔다. 그중에는 고향에서 직접 들어온 음식도 있지만 여러 사회를 거쳐 전해진 것도 있다.

2 지금 우리 곁에 있는 풍부한 먹을거리는 오랜 세월 동안 수많은 사회와의 교류를 통해 이루어진 것이다. 이처럼 한 사회의 문화는 여러 사회와의 교류 속에서 받아들여지고 만들어지고 변화한다.

3 음식 교류는 풍요로운 먹을거리를 만드는 데서 끝나지 않고 한 사회 내에 더 커다란 변화를 일으키기도 한다. 신대륙에서 전해진 구황작물은 유럽 사회의 발전을 이끌었고, 향신료는 신항로 개척을 촉진하여 식민지 전쟁을 일으켰다.

02 사회마다 다른 음식

이 단원에서는

- ▶ 같은 음식이라도 다른 사회로 전해지면 그 사회에 맞게 변화한다는 것을 이해한다.
- ▶ 변화를 일으키는 요인에는 자연환경뿐만 아니라 사람들이 원래 가지고 있던 입맛, 식습관, 당시의 문화적 환경 등이 있음을 깨닫는다.

같은 음식이라도 다른 사회로 전해지면 맛과 모양이 원래와는 다르게 변하는 것을 볼 수 있다. 이런 변화가 일어나는 이유는 음식 재료를 직접 기르더라도, 자연환경이 다르면 같은 재료를 얻을 수 없기 때문이다. 우리나라와 일본처럼 가까운 나라에서도 똑같은 무씨를 심어도 자연환경이 서로 달라 똑같은 무가 생기지 않는다. 그래서 재일교포들은 오랫동안 맛있는 깍두기를 먹기 어려웠다. 요즘에는 다른 나라의 먹을거리를 서로 많이 수입하지만 얼마 전까지만 해도 쉬운 일이 아니었다. 사회마다 좋아하는 맛이 달라 음식이 변하기도 한다. 프랑스 음식은 일반적으로 버터나 기름을 많이 넣어 만드는데, 그래서인지 프랑스 사람들은 다른 나라 음식도 고소하고 느끼한 맛이 나게 만드는 것을 볼 수 있다. 마찬가지로 매운 것을 좋아하는 우리나라 사람들은 어떤 음식이든 조금씩 맵게 만든다.

다른 사회에서 담근 깍두기 맛은 우리와 다를 수밖에 없다.

사람들은 주위에서 구하기 쉬운 재료를 이용하여 자기 사회에 맞게 음식을 변화시킨다. 그래서 같은 음식이라도 나라마다 사회마다 서로 다른 모습을 띠게 된다.

한국에만 있는 자장면과 단무지

우리가 좋아하는 자장면과 단무지도 환경에 맞게 만들어진 음식이다. 원래 중국 산둥 지방 음식인 자장면은 우리나라에 들어와 달콤한 맛과 감자, 양파, 고기 등 여러 가지 재료가 더해져 새로운 한국식 중국 음식이 되었다.

우리 입맛에 맞게 바뀐 자장면과 단무지.

단무지는 다꾸앙이라고 불리는 일본의 무짠지가 우리나라에 들어와 노란색과 단맛을 가지게 된 음식이다. 그래서 "일본에는 단무지가 없고 중국에는 자장면이 없다"라고 말하기도 한다. 그러나 요즘은 미국이나 중국의 한국 식당에서도 찾아볼 수 있을 정도로 우리나라 사람들에게 사랑받는 음식이 되었다. 오랜 세월에 걸쳐 만들어진 자장면과 단무지에는 서로 가깝게 지냈던 한국, 중국, 일본 세 나라의 역사가 담겨 있기도 하다.

인도 카레?

자장면과 단무지와 비슷한 예로 우리나라 사람들도 많이 좋아하는 카레라이스가 있다. 카레라이스는 원래 인도 음식이라고 알려져 있지만 역시 "인도에는 카레가 없다"라는 말이 있다. 우리가 고춧가루를 넣어 만드는 여러 가지 양념에 따로 이름을 붙이지 않는 것처럼, 카레는 인도 사람들이 음식을 만들 때 자주 사용하는 향신료 양념을 의미하기 때문이다.

카레라이스는 전 세계 사람들에게 사랑받는 음식이 되었다.

카레는 인도 말로 건더기라는 뜻일 뿐, 인도를 식민지로 삼은 영국 사람들의 오해에서 생긴 이름이다. 그러나 영국 사람들이 여러 가지 야채와 고기를 넣어 밥에 얹어 먹는 노란 카레라이스를 먹기 위해 인스턴트 가루까지 만들면서, 카레라이스는 인도 음식이라는 이름으로 전 세계에 널리 퍼져 나갔다.

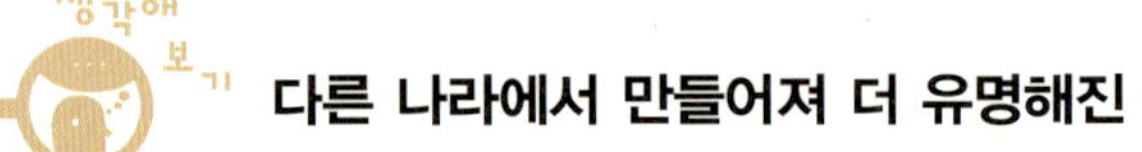

다른 나라에서 만들어져 더 유명해진 음식

돈가스_ 서양 음식인 포크커틀릿(pork cutlet)을 쌀밥에 어울리도록 일본 사람들이 새롭게 만든 음식이다. 돈가스라는 이름은 돼지고기를 뜻하는 한자인 돈(豚)에 커틀릿(cutlet)의 일본식 발음인 가스가 더해져 만들어졌다.

회덮밥_ 우리나라에 있는 일본 음식점이라면 어디에서나 여러 가지 야채와 생선회에 밥과 초고추장을 넣어 비벼 먹는 회덮밥을 먹을 수 있다. 그러나 일본식 회덮밥은 원래 여러 가지 회를 밥에 얹어 간장과 함께 먹는다.

프렌치프라이(French fry)_ 감자 튀김을 뜻하는 프렌치프라이는 프렌치(French)라는 단어 때문에 프랑스 음식으로 생각하기 쉽지만, 미국의 패스트푸드 식당에서 부르면서 널리 알려진 음식이다. 감자 튀김은 프랑스뿐만 아니라 유럽 전체에서 즐겨 먹는 음식이다.

화이타(fajita)_ 구운 쇠고기나 닭고기 등을 야채와 함께 토르티야에 싸서 먹는 요리로, 멕시코 식당에서 가장 인기 있는 메뉴 중 하나이다. 그러나 화이타는 미국 내에 있는 멕시코 식당에서 미국 사람들의 취향에 맞추어 만들어진 음식이다.

피자(pizza)_ 피자는 대표적인 이탈리아 음식이지만, 전 세계에 피자라는 이름을 널리 알린 것은 미국이다. 이탈리아와 미국의 피자는 만드는 법도 생김새도 조금씩 다르다. 우리가 즐겨 먹는 피자는 대부분 미국식이다.

유럽과 미국으로 초기에 이민을 간 우리나라 사람들은 배추를 구할 수 없어 양배추로 김치를 담그기도 하였다. 알맞은 재료를 구하기 힘든 낯선 곳에서 우리나라 음식이 먹고 싶을 때 어떤 재료를 이용해서 어떤 음식을 만들지 상상해 보자.

양배추김치 만들기

1. 양배추는 씻으면서 먹기 좋게 손으로 뜯고, 오이도 썰어 놓는다.
2. 고춧가루를 믹서에 갈아 곱게 만든 다음, 씻어 놓은 양배추에 뿌려 섞는다.
3. 굵은 고춧가루, 여러 가지 젓갈, 다진 마늘과 생강, 실파 또는 부추를 넣어 버무린다.
4. 마지막으로 설탕과 깨를 뿌려 버무려서 마무리한다.

다른 나라에서 만들어져 더 유명해진 음식 예를 조사해서 모둠별로 발표해 보고, 그중에서 우리가 자주 먹는 음식은 무엇인지 찾아보자.

마무리

1 다른 사회로 전해진 음식은 그 사회의 자연환경과 입맛에 알맞게 변화하는 모습을 보인다.

2 우리가 즐겨 먹는 자장면과 단무지, 카레라이스는 모두 다른 사회에서 들어온 것을 우리 입맛에 알맞게 바꾼 음식이다.

03 우리 음식 알리기

이 단원에서는

- 전 세계 사람들에게 자랑스럽게 내놓을 수 있는 우리 전통 음식은 무엇인지 토론해 본다.
- 세계화 속에서 우리 고유의 전통 음식을 지킬 수 있는 방법을 생각해 본다.
- 전통은 끊임없이 변화한다는 것을 깨닫는다.

전 세계 사람들의 사랑을 듬뿍 받고 있는 빨간 고춧가루가 들어간 매운 김치는 불고기, 비빔밥과 함께 우리나라를 대표하는 자랑스런 음식이다. 그런데 얼마 전에는 일본 사람들이 기무치도 국제 식품 규격으로 인정해 달라고 하여 문제가 된 일이 있다. 양념 맛이 강한 우리 김치를 세계 여러 나라 사람들의 입맛에 맞도록 덜 맵고 덜 자극적인 맛으로 바꾸어 기무치란 이름으로 판매하려 하였던 것이다.

자랑스런 우리의 전통 음식, 김치.

그래서 우리나라에서는 김치의 세계 식품화를 위해 김치 규격 안을 정하였고, 논란 끝에 2001년 7월 국제식품규격위원회에서 우리나라가 정한 규격을 김치의 국제 식품 규격으로 인정해서 이 문제가 어느 정도 해결되었다.

김치는 분명히 우리 전통 음식인데 어떻게 이런 일이 일어날 수 있을까?

끊임없이 변화하는 음식

자장면이나 카레라이스에서 우리는 그 이유를 찾아볼 수 있다. 음식이 서로 주고받으면서 변화한다면 김치 역시 변할 수 있기 때문이다. 원래 우리 것이라는 말만으로는 부족하다. 고추와 토마토, 감자는 멕시코가 고향이지만 이제 세계 어느 나라에서도 멕시코 것이라고는 말하지 않는다. 중국에서 처음 만들었다는 두부와 국수도 마찬가지다. 피자 역시 이탈리아 음식이지만 지금은 미국 피자가 더 유명하다. 세계 음식의 역사를 살펴보면 이런 변화는 셀 수 없이 많다.

문화의 주인은 누구인가

음식뿐만 아니라, 옷이나 집, 도구처럼 인간이 만들고 사용하는 것은 모두 서로 영향을 미치며 변화한다. 사회들이 문화 교류를 함으로써 한 지역의 것이 다른 지역으로 전해져서 변화하고 또 여러 가지 것들이 합쳐져서 전혀 새로운 것을 만들어 내기도 한다. 그래서 어디서 누가 처음 만들어 냈는가 또는 시작하였는가보다는 누가 더 많이 사랑하고 이용하는가, 누가 더 많이 세계에 알리는가로 음식의 새로운 주인이 정해지기도 한다.

교통과 통신이 발달하고 무역이 늘어나면서 최근

에는 나라 사이의 교류가 나날이 증가하고 있다. 다른 나라를 여행하는 일도 더 이상 드문 일이 아니다. 그래서 전 세계는 점차 비슷해지고 있다. 미국에서 처음 만든 햄버거를 전 세계 사람들이 즐겨 먹고 있는 것처럼 앞으로 세계는 모두 똑같은 음식을 먹으면서 똑같은 모습으로 살게 될까? 꼭 그렇지는 않다. 서로 비슷해질수록 동시에 자기 것을 지키려는 노력이 나타나기 때문이다.

우리 문화를 아끼고 사랑하기

우리 것을 어떻게 지킬 수 있을까? 무엇보다 우리 음식과 우리 문화를 아끼고 사랑하는 마음을 가지고 끊임없이 공부하는 자세가 필요하다. 지금은 육식보다는 채식을 장려하는 우리나라 음식이 살이 찌지 않는 건강 음식이라고 생각하지만, 얼마 전까지도 우리는 영양이 부족하다고 생각하였다.

외국인들에게 사랑받는 비빔밥.

이것은 모두 우리 음식에 대한 제대로 된 공부가 부족하였기 때문이다. 우리 것을 잘 알아야 사랑하고 아끼는 마음도 생겨날 수 있고, 나아가 자랑스러운 우리 음식을 잘 보존해서 세계에 널리 알릴 수 있다.

부모님과 함께 김치를 담가 보면서 전 세계 사람들에게 김치를 좀더 널리 알릴 수 있는 방법에 대해 생각해 보자.

함께 해보기

다른 나라 사람들이 좋아하는 우리나라 음식을 찾아, 이를 알리는 광고 문구를 직접 만들어 보자. 또 외국인들에게는 잘 알려져 있지 않지만 자랑스러운 우리나라 음식이 있다면 그것도 광고로 만들어 보자.

외국 사람들에게 많은 사랑을 받고 있는 불고기.

마무리

1 음식은 여러 사회와의 교류를 통해 서로 주고받으면서 변화하기 때문에, 어디서 누가 처음 만들어 냈는가보다는 누가 더 많이 사랑하고 세상에 알리느냐가 중요하다.

2 세계화로 사람들 사이의 교류가 늘어나면서 즐겨 먹는 음식도 비슷해지는 경향을 보이지만, 동시에 자신들의 전통 음식을 지키려는 노력이 나타나고 있다.

3 우리의 전통 음식을 지키고 전 세계에 널리 알리기 위해서는 아끼고 사랑하는 마음을 가지고 끊임없이 공부하는 자세가 필요하다.

나라마다 사람들이 가장 중요하다고 생각하는 곡물이 있다. 흔히 주식이라고 부르는 이러한 곡물에는 어떤 것들이 있으며, 무엇을 기준으로 결정되는가? 대체로 사람들은 자신들이 살고 있는 지역의 자연환경에 가장 알맞은 곡식을 주식으로 선택하지만, 반드시 그런 것만은 아니다. 어떤 곡물을 주식으로 결정하는가는 사람들이 특별한 곡물에 부여하는 문화적 의미와도 깊은 관련이 있다.

Ⅳ 사회를 유지하는 식량 주식

- 세계 여러 지역의 다양한 자연환경과 주식에 대해 알아본다.
- 주식이 갖는 상징적 의미를 이해한다.
- 앞으로 주식이 어떤 모습으로 변화할지 생각해 본다.

아메리카 대륙으로 이주한 유럽 사람들은 주식 작물인 밀을 재배하기 위해 무진 애를 썼다. 단순히 먹고사는 것만 생각한다면 신대륙에서 자라는 작물로 새로운 음식을 만들 수 있었지만, 밀과 빵이 갖는 상징적인 의미 때문에 밀 농사를 고집하였다. 한민족 역시 이주하는 곳마다 벼농사를 하기 위해 노력해 왔다. 쌀은 단순한 작물이 아니라 민족의 생명이라는 상징적 의미를 지니기 때문이다.

01 주식이란 무엇인가

이 단원에서는

- ▶ 사람들은 자신들이 살고 있는 자연환경에서 구할 수 있는 다양한 재료로 음식을 만들어 먹는다는 사실을 배운다.
- ▶ 각 지역마다 사람들이 가장 즐겨 먹고 중요한 음식으로 생각하는 주식은 무엇인지 조사해 본다.

각 지역마다 사람들은 주어진 자연환경에서 구할 수 있는 다양한 재료를 이용해서 음식을 해 먹는다. 자연환경에 따라 자라는 동식물이 다양하기 때문에 강이나 바다, 호수에 사는 어류부터 들판에서 자라는 곡물, 산에서 채집할 수 있는 풀과 열매, 때로는 나무 속에 살고 있는 벌레, 숲이나 초원에 살고 있는 각종 동물에 이르기까지 모두 음식 재료로 이용된다.

주식이란?

이처럼 셀 수 없이 많은 재료를 이용하여 음식을 만들어 먹지만, 그 중에서도 사람들이 즐겨 먹고 또 가장 중요하게 생각하는 음식이 있다. 그런 음식을 그 사회의 주식이라고 한다. 주식은 대체로 사람들이 생명을 유지하고 힘을 내는 데 가장 중요한 영양소인 탄수화물을 공급하는 곡물인데, 밀과 벼가 대표적이다. 간혹 곡물을 재배하기 어려운 유목민 사회에서는 유제품이나 육류 같은 단백질 식품을 주식으로 삼기도 한다.

주식은 누구나 먹는 것인가?

주식은 사람들이 끼니때마다 주로 먹는 음식을 의미한다. 그런데 때로는 원하는 만큼 먹을 수는 없지만 가장 좋아하며 중요하다고 생각하는 음식을 주식으로 여기기도 한다. 예를 들어 우리나라 사람들은 쌀로 지은 '밥'을 주식이라고 생각하지만, 실제로 한반도에서 지금처럼 사람들이 쌀밥을 마음껏 먹게 된 것은 그리 오래되지 않았다. 조선 시대까지도 쌀 생산량은 온 국민을 먹여 살리기에는 절대적으로 부족하였다. 그래서 우리 조상들은 흰 쌀밥에 고깃국을 가장 먹고 싶은 음식으로 여겼고 쌀밥을 충분히 먹지 못하면서도 쌀을 주식으로 생각하였다. 누구나 흰 쌀밥을 배불리 먹을 수 있는 세상을 만드는 것, 이것이 오랫동안 우리 민족의 소망이었다.

우리 조상들은 오랫동안 흰 쌀밥과 고깃국을 배불리 먹는 것이 소원이었다.

전 세계의 주식을 조사하여 세계지도에 표시해 보고, 그중에서 가장 많이 재배되는 작물은 무엇인지 알아보자.

한반도에 벼농사가 도입된 과정을 조사해 보고, 조상들이 쌀을 주식으로 삼은 후에 더 많은 쌀을 얻기 위해 어떤 노력을 하였는지 알아보자.

마무리

1 주식은 사람들이 즐겨 먹고 가장 중요하게 생각하는 음식인데, 그중에서도 탄수화물을 공급하는 작물인 밀과 벼가 대표적이다. 사회에 따라 유제품이나 육류 같은 단백질 식품을 주식으로 삼기도 한다.

2 때로는 사람들이 원하는 만큼 먹을 수는 없지만 가장 중요하고 좋아하는 음식이 주식이 되기도 한다.

02 주식의 상징적 의미

이 단원에서는

- 각 사회에서 주식이 가지는 상징적 의미에 대해 생각해 본다.
- 낯선 곳으로 이주한 사람들이 주식을 재배하기 위해 어떠한 노력을 기울이는지 조사해 본다.

주식은 한 사회에서 즐겨 먹는 중요한 먹을거리이기 때문에 사람들은 자신들이 주식으로 먹는 음식이나 곡물에 특별한 의미를 부여한다. 어른들은 "밥을 먹어야 힘이 난다"라든가 "한국 사람이 밥을 먹어야지 왜 빵 같은 간식만 먹느냐?"라는 말로 밥의 중요성을 강조한다. 또 고기나 다른 음식을 배불리 먹더라도 밥이나 국수, 빵과 같은 음식을 먹기도 한다.

주식에 대한 이런 반응은 우리나라뿐만 아니라 여러 나라에서 공통으로 나타난다. 특히 밀과 벼로 만든 대표적인 음식인 빵과 밥은 특별한 상징적 의미를 갖고 있다.

조선 시대 농민들의 옷을 입고 가을걷이에 나선 시민들.

생명의 양식, 빵

빵을 굽기 시작한 것은 그리스 시대부터라고 한다. 물론 그 전에도 사람들은 다양한 방식으로 곡물을 먹었다. 처음에는 곡식을 찧어서 손으로 먹었고, 그러다가 말린 곡식을 익힌 뒤에 가루로 빻아 물에 반죽하거나 타서 먹는 방법을 알아냈다. 나중에는 곡물 가루를 반죽으로 만들어 뜨거운 돌 위에 얹어 굽거나 숯불 위에 석쇠를 이용해서 구웠고, 마침내 곡물 반죽에 효모를 넣어 부풀린 후 지금의 빵처럼 굽는 방법을 생각해 냈다.

밀을 주식으로 삼은 사회에서 빵은 생명의 양식이라는 특별한 상징적 의미를 갖는다.

빵을 굽게 되면서 사람들은 기본적인 곡물 음식인 빵에 여러 가지 상징적인 의미를 부여하였다. 단순한 음식이 아니라 삶의 원천인 생명의 양식으로 생각한 것이다. 프랑스의 농부들이 빵을 자르기 전 빵 위에 성호를 긋는 모습에서도 그런 생각을 엿볼 수 있다.

농자천하지대본

우리말에는 쌀을 뜻하는 단어가 여러 개 있다. 씨앗에서 뿌리를 내린 어린 단계에서는 '모'로 부르다가 더 자라면 '벼'라고 부르고, 수확한 후 탈곡을 마치면 '쌀'이라고 부르기 시작한다. 쌀로 음식을 만든 것이 바로 '밥'이다. 또한 '죽'과 '떡'도 만들고 '술'을 빚기도 한다. 이처럼 쌀이 여러 가지 다른 이름으로 불리는 것은 각 단계마다 가지는 의미가 다르고 그만큼 우리 문화에서 중요하기 때문이다.

농사짓는 일은 천하의 사람들이 살아가는 커다란 근본이라는 뜻을 지닌 '농자천하지대본(農者天下之大本)' 이라는 표현에서도 우리 조상들이 벼농사에 얼마나 특별한 의미를 부여하였는가를 엿볼 수 있다. 또 벼농사가 잘되는 것은 하늘의 뜻이라고 여겨 벼를 수확하면 맨 처음에 탈곡한 쌀로 햅쌀밥을 지어 가장 먼저 조상과 하늘에 바쳤는데, 이때는 반드시 잡곡을 섞지 않은 순수한 쌀로만 지은 '흰 쌀밥' 을 올렸다.

밥은 조상과 하늘에 바치는 신성한 음식이기도 하지만, 살아 있는 사람들에게도 중요하다. '한솥밥' 을 먹는다는 것은 공동체의 성원이며 같은 운명을 지닌다는 뜻이 되기도 한다. 이처럼 우리 문화에서 '밥' 은 음식 이상의 의미를 갖고 있는데, 이것은 쌀을 주식으로 하는 대부분의 사회에서 볼 수 있는 현상이다.

이주민의 주식 재배 노력

사람들은 낯선 곳으로 이주해도 고향에서 먹던 주식을 계속 재배하려 한다. 자연환경이 달라 작물 재배가 어려울 때가 많지만, 새로운 농법을 개발하거나 더 많은 노동력을 쏟아붓는 등의 다양한 방법으로 극복한다.

아메리카 대륙으로 이주한 유럽 사람들은 독일의 카를 5세가 신대륙에 밀을 보내 농사짓는 것을 허락한 1520년 이후, 밀 농사를 짓기 위해 3세기에 걸쳐 노력을 기울였다. 결국 18세기 후반에 이르러 여러 지역의 이민자들이 각자의 고향에서 가져온 밀 종자를 대량으로 재배하는 데 성공하였다.

사람들은 낯선 곳으로 이주해도 고향에서 먹던 주식을 계속 재배하려 한다.

1937년 연해주에서 중앙아시아 지역으로 강제 이주한 한민족도 이 지역에 벼농사를 도입하였다. 기후와 토양 모두 벼농사에는 맞지 않았지만 쌀밥 없이는 살 수 없다고 생각한 우리 조상들은 수많은 악조건을 극복하고 벼 재배에 성공하였다. 주식은 단순한 음식이 아니라 삶의 원천이라고 여겼기 때문이다.

쌀이나 밥이 등장하는 옛날이야기와 속담을 찾아, 거기에 숨어 있는 의미를 생각해 보자.

쌀을 소재로 삼은 속담들

우리는 오랫동안 쌀을 주식으로 삼아 왔기 때문에 쌀과 밥을 소재로 한 속담을 많이 갖고 있다.

- 쌀독에서 인심 난다.
  —자신이 넉넉해야만 다른 사람도 도울 수 있음을 비유적으로 나타낸 속담이다.
- 농사꾼은 굶어 죽어도 종자를 베고 죽는다.
  —아무리 먹을 게 없어도 내년에 농사지을 볍씨는 소중히 보관해야 한다는 뜻이다.
- 보릿고개 때에는 딸네 집에도 가지 마라.
  —먹을거리가 부족한 보릿고개에는 서로에게 폐가 되기 때문에 아무리 가까운 사이라도 찾아가지 말라는 뜻이다.

낯선 곳으로 이주한 사람들이 자신들이 즐겨 먹던 주식을 재배하기 위해 어떤 노력을 기울였는지 조사해서 발표해 보자.

마무리

1 주식은 한 사회에서 즐겨 먹는 중요한 음식이기 때문에 사람들은 여러 가지 특별한 의미를 부여하기도 한다.

2 낯선 곳으로 이주해도 사람들은 고향에서 먹던 주식을 재배하기 위해 많은 노력을 기울인다. 이처럼 주식은 단순한 음식이 아니라 때로는 사람들의 삶의 원천이 되기도 한다.

03 주식의 현재와 미래

이 단원에서는

- ▶ 사회 간 교류가 활발해지고 다른 지역으로 이주하는 사람들이 늘어나면서 주식은 앞으로 어떻게 변화할지 생각해 본다.
- ▶ 줄어드는 쌀 소비량을 늘리기 위해 우리가 할 수 있는 일은 무엇인지 함께 얘기해 본다.

오늘날 대량 운송 기술의 발달과 이로 인한 세계화는 주식 개념에도 많은 변화를 가져왔다. 사람들은 더 이상 자기 지역에서 생산되는 음식만 먹지 않는다. 또 외식의 비중이 커지면서 이국적인 외국 음식을 즐기는 사람들이 늘어나고 있다.

우리나라의 쌀 소비량 변화

우리나라는 1960년대까지만 해도 쌀 생신량이 매우 부족하였다. 정부는 쌀 생산량을 늘리기 위해 새로운 품종을 개발하고 농사 기술을 보급하는 데 앞장섰다. 또 보리나 밀 같은 다른 곡물을 함께 먹는 것으로 부족한 쌀 문제를 해결하기 위해 혼식을 장려하였다. 그래서 1970년대까지만 해도 일주일에 하루는 분식의 날이었다.

최근 우리나라의 쌀 소비량은 급격히 줄어들고 있다.

음식에서 밥이 차지하는 비중이 점차 줄고 대신 다른 음식을 많이 먹고 있기 때문이다.

1970년에는 1인당 연간 쌀 소비량이 136.4킬로그램이었는데, 1990년에는 119.6킬로그램, 2004년에는 82킬로그램, 2006년에는 78.8킬로그램으로 계속 줄어들고 있다. 쌀 소비량 감소는 우리 식생활에 많은 변화가 있음을 알려 주는 것으로, 이러한 현상은 우리뿐만 아니라 다른 나라에서도 비슷하게 나타나고 있다. 아프리카 지역에서도 쌀이나 밀 같은 다른 나라에서 생산된 곡물의 수입은 늘어나는 반면에, 얌, 카사바, 옥수수 같은 전통적인 주곡 작물 소비는 점차 줄어들고 있다.

세계화와 변화하는 음식

서로 다른 문화 간 교류가 활발해지고 다른 지역으로 이주하는 사람들이 늘어나면서 사람들의 식생활에 변화가 일어나고 있다. 쌀을 주식으로 삼던 아시아 지역에서는 서구 사회의 영향을 받아 고기를 먹는 비중이 점점 커지고 있고, 반대로 미국과 유럽 사회에서는 채식과 쌀 소비가 늘고 있다.

베트남 쌀국수. 활발한 문화 교류로 사람들은 좀더 다양한 음식 문화를 즐기게 되었다.

최근 우리나라에서도 쌀 소비량은 줄어드는 대신에 서구의 영향이 커지면서 육류 소비가 증가하고 있다. 또한 외국인 이주노동자와 우리나라 농촌 총각과 국제결혼한 외국 여성이 많아지면서, 이들의 영향으로 몽골의 양고기 꼬치구이나 베트남 쌀국수 같은 새로운 음식도 쉽게 접할 수 있게 되었다.

균형 잡힌 식단

시대와 생활 습관이 변화함에 따라 우리 몸에 좋은 음식도 변할 수 있다. 1900년대 일본에서는 쌀이 풍족해지자 각기병이 널리 퍼졌다. 각기병은 비타민 B가 많은 왕겨를 완전히 벗겨 낸 흰쌀로만 밥을 해 먹으면 생기는 병이다. 당시 삿포로농학교의 미국인 교수였던 클라크(William S. Clark) 박사는 일본 학생들의 건강을 우려해서 기숙사 식당에서 흰 쌀밥을 금지하였다. 다만, 야채나 육류를 함께 섭취할 수 있는 카레라이스를 먹을 때만 흰 쌀밥을 허락하였다. 그러자 흰 쌀밥이 먹고 싶었던 일본 학생들은 너도나도 카레라이스를 즐겨 먹었고 결국 일본에 카레라이스가 유행처럼 번졌다.

네팔의 주식인 달밧(Dal-Bhat). 균형 잡힌 식단을 갖추면 주식은 보다 풍요로워진다.

오늘날 우리 사회에서 건강한 음식은 무엇인지, 건강한 음식을 위해 주식은 무엇이 되어야 할지 생각해 볼 필요가 있다. 어느 한쪽에 치우치지 않는 균형 잡힌 식단을 갖춘다면 우리의 주식은 보다 다양하고 풍요로워질 수 있다.

우리나라의 쌀 소비량 변화를 나타낸 그래프나 통계를 찾아보고, 쌀 소비량을 늘리기 위해 우리가 할 수 있는 일은 무엇인지 생각해 보자.

우리나라에는 어떤 외국 음식 식당들이 있는지 관찰해 보고, 먹어 보고 싶은 외국 음식에 대해 서로 이야기해 보자.

우리나라 사람들도 즐겨 먹는 일본 초밥.

꼬치에 꽂은 고기에 여러 소스를 묻혀 구운 인도네시아의 사테(satay).

1 세계화가 이루어지면서 우리 식생활에도 변화가 나타나 주식에서 쌀이 차지하는 비중이 점차 줄어들고 있다.

2 문화 간 교류가 활발해지고 다른 지역으로 이주하는 사람들이 늘어나면서 사람들은 좀더 다양한 음식 문화를 즐기게 되었다.

3 우리의 주식을 보다 다양하고 풍요롭게 만들기 위해서는 어느 한쪽에 치우치지 않은 균형 잡힌 식단을 갖추는 것이 필요하다.

우리는 음식은 부엌에서 만든다고 생각한다. 그러나 요즘 우리가 매일 먹는 음식 가운데는 공장에서 만들어지는 것이 훨씬 많다. 공장에서 음식을 만든다는 것은 무엇을 의미하는 걸까? 공장에서 만든 음식은 보기 좋고 맛있을 뿐만 아니라 값도 싸다. 또 보존과 운반을 할 때도 여러 가지 면에서 편리하다. 하지만 그렇게 만들기 위해 음식 재료를 재배하고 사육하는 생산 단계부터 수많은 첨가물이 더해지고 있다.

V

공장에서 만들어지는 음식

- 현대 산업사회에서 음식을 만드는 방법에 대해 알아본다.
- 공장에서 음식을 만들기 시작한 이유는 무엇인지 생각해 본다.
- 환경과 건강을 생각하는 음식 먹기 습관에 대해 함께 얘기해 본다.

햄버거, 피자만이 아니라 슈퍼마켓에서 만날 수 있는 수많은 음식들도 모두 패스트푸드이다. 패스트푸드가 사람들의 입맛과 건강은 물론 농업과 환경, 세상을 살아가는 철학에까지 나쁜 영향을 준다는 생각에서 슬로푸드 운동이 시작되었다.

01 무엇이 들어 있는지 알고 먹자

이 단원에서는

- 우리가 즐겨 먹는 음식 가운데 공장에서 만들어지는 것은 무엇인지 조사해 본다.
- 공장에서 만들어진 음식 한 가지를 정해 식품 정보를 읽어 보고, 들어간 재료에 대해 함께 얘기해 본다.

우리가 즐겨 먹는 공장에서 만들어지는 모든 음식에는 반드시 어떤 재료로 만들었는지 표시하도록 되어 있다. 이 표시는 한 나라 안에서는 물론 전 세계적으로도 인정되는 공통의 약속에 따라 만들어진다. 따라서 식품 포장지에 표시된 내용을 주의 깊게 읽어 보면 내가 먹는 음식이 어디에서 생산된 재료를 사용하였고 어떤 첨가물이 들어 있는지를 알 수 있다. 이것은 우리가 음식물을 선택할 때 중요한 판단 기준이 된다.

라면 식품 정보 읽기

다음은 우리가 자주 먹고 좋아하는 음식 중 하나인 라면에 표시되어 있는 내용이다.

유탕면류는 기름에 튀긴 면 종류라는 뜻이고, 중량은 라면의 무게를 말한다. 유통기한은 식품을 판매할 수 있고 소비자가 먹을 수 있는 기간을 뜻하는데, 위의 표시를 보면 이 라면의 유통기한은 20××년 8월 23일까지이다.

원재료명은 라면에 들어간 재료들을 말하는데, 대체로 제일 많이 사용된 재료부터 차례대로 표기한다. ( ) 안은 원산지명, 〔 〕 안은 가루 수프에 사용된 재료들을 의미한다.

이해하기 어려운 식품 정보

그런데 유통기한까지는 이해하기 쉽지만 원재료명부터는 무엇을 말하는지 정확히 알기가 어렵다. 소맥분이 밀가루, 정제염이 소금, 정백당이 설탕이라는 것까지는 알 수 있더라도 나머지는 보통 때 먹는 음식 재료가 아니기 때문이다. 이것은 모두 라면에 들어간 첨가제나 인공적으로 만들어진 음식 재료로, 좀더 빨리 좀더 쉽게 라면을 만들어 팔기 위해 사용된 것들이다. 또한 표에 모든 재료를 다 써 넣을 수는 없기 때문에 실제로 사용된 첨가제는 더 많을 수도 있다.

공장에서 주스 만들기

라면은 공장에서 만드는 대표적인 음식이므로 첨가제가 많이 들어가는 것이 당연할지 모른다. 그렇다면 과일을 그대로 짜서 만드는 것처럼 보이는 주스는 어떨까?

공장에서 만들어져 슈퍼마켓에 진열되어 있는 주스.

주스에도 첨가물이 들어간다. 물론 과일즙을 짜서 그대로 담기도 하지만, 대부분 농축액이라고 부르는 과일즙을 공장에서 진하게 만들어 보관하였다가 여기에 물과 과당 같은 여러 가지 당분을 섞어 주스를 만든다. 이렇게 만들어진 주스는 과일 본래의 맛과는 다른데, 사람들이 좋아하는 단맛이 좀더 진하고 과일에 원래 들어 있던 영양소가 많이 파괴된다. 그러나 첨가물을 넣으면 장소나 계절, 자연환경에 관계없이 많은 양의 주스를 싸게 만들 수 있고 보관하기도 쉽다. 또 주스를 운반하거나 판매할 때도 편리하다.

함께 해보기

최근 어린이들의 건강을 해칠 염려가 있는 공장에서 만들어지는 음식에 대한 광고를 제한하려는 움직임이 활발하다. 왜 이런 움직임들이 일어나고 있는지 친구들과 함께 얘기해 보자.

좋아하는 간식거리 중 세 가지를 골라 포장지에 표시된 식품 정보를 읽어 보고 어떤 첨가제가 들어갔는지 찾아보자. 또 간식거리에 들어간 이러한 첨가물들이 어떻게 사용되는지, 우리 몸에는 어떤 영향을 끼칠지 조사해 보자.

1 우리가 즐겨 먹는 음식 가운데 많은 것들이 공장에서 만들어지는데, 이러한 음식에는 좀더 빨리 좀더 쉽게 만들기 위해 여러 가지 첨가물들이 들어간다.

2 첨가물이 들어간 음식은 맛있고 보관과 운반에도 편리하지만, 자연 그대로의 음식에 비해 영양의 질이 떨어진다.

02 편리하고 경제적이고 맛있는 음식?

이 단원에서는
- ▶ 공장에서 음식을 만들게 된 이유에 대해 함께 얘기해 본다.
- ▶ 공장에서 음식을 만들기 시작하면서 생겨난 여러 가지 문제점에 대해 생각해 본다.

오랫동안 항상 먹을거리가 부족하였던 인류는 굶주림에 대항하기 위해 누구나 살 수 있는 싼 가격으로 많은 음식을 만드는 것이 무엇보다 중요한 문제였다. 또 사회가 발달하면서 자기가 먹을 음식을 직접 만드는 것이 아니라, 팔아서 이익을 남길 수 있는 음식을 보다 싼값에 더 많이 만들려는 시도가 이루어졌다. 이러한 끊임없는 노력은 과학 기술과 산업을 발달시켰다.

음식의 여러 가지 첨가물

음식을 여러 가지 방법으로 가공하고 첨가물을 넣는 것은 결국 싼 가격에 더 많은 음식을 만들기 위한 노력에서 빚어진 결과이다. 예를 들어 딸기 맛 인공 색소나 향을 사용하면 신선하고 좋은 딸기를 충분히 사용하지 않아도 맛있어 보이는 딸기 주스와 딸기 우유를 만들 수 있다.

두부.

또 빨리 굳게 도와 주는 응고제를 이용하면 정성껏 일하지 않아도 더 많은 두부를 쉽

게 만들 수 있다. 이처럼 여러 가지 인공 조미료는 값싼 재료로도 쉽게 맛을 내게 해준다. 요즘 논란이 되고 있는 MSG도 인공 조미료의 하나이다.

음식을 상하지 않게 오래 보관하기 위해 방부제를 사용하기도 한다. 최근에는 교통의 발달로 바나나와 파인애플 같은 열대 과일도 싼 값에 마음껏 먹을 수 있게 되었다. 그러나 열대 과일은 배나 비행기로 오랜 시간 운반되어 우리 식탁에 올라오기 때문에 그 과정에서 우리 몸에 해로울 수 있는 방부제 처리가 이루어지기도 한다. 과일이나 야채에 수입산과 국산을 표기하는 이유도 여기에 있다.

MSG

MSG는 Mono Sodium Glutamate의 줄임 말로 현재 세계에서 소금, 후추 다음으로 맛을 내는 데 많이 사용되고 있는 인공 조미료이다. 1908년 일본의 화학자가 김과 다시마 등에서 추출한 감칠맛을 바탕으로 만들었는데, 그래서인지 전 세계 소비량의 70퍼센트를 한국, 중국, 일본 같은 태평양 연안의 아시아 국가들이 차지하고 있다.

MSG를 많이 사용한다고 알려져 있는 중국 음식.

MSG는 음식에 더해지는 인공 첨가물로서, 미국 식품의약국(FDA)을 비롯한 많은 기관에서는 안전성에 문제점을 발견하지 못하였다. 하지만 우리 몸에 어떤 영향을 미치는가에 대해서는 여전히 논란이 벌어지고 있는데, 1960년대부터 시작된 '중국 음식점 증후군'이 대표적인 예이다. 중국 음식점 증후군이란 MSG를 많이 사용하는 중국 음식을 먹으면 가슴 통증이나 두통 같은 증상이 생기는 것을 말한다. 그러나 아직도 MSG가 원인인지는 정확히 밝혀지지 않았다.

인공적인 냉동과 건조

음식을 싼 가격에 더 많이 만들기 위해 첨가물을 넣는 것 외에도 다양한 방법이 사용된다. 주스를 만드는 방법에서 살펴본 것처럼 음식물을 농축액으로 만들어 보관하거나 건조 또는 냉동을 하기도 한다. 건조와 냉동은 옛날에도 썼던 방법인데, 그때는 직접 기르거나 잡은 먹

을거리를 햇볕에 말리거나 얼음 속에 두고 천천히 냉동시켰다. 그러나 지금은 음식 재료를 대량으로 구입해서 공장에서 인공적으로 단기간에 가공한다.

길들여진 입맛, 위협받는 건강

그런데 이렇게 만들면 음식 맛은 물론 영양의 질도 많이 떨어진다. 하지만 조미료와 첨가물에 입맛이 길들여진 사람들은 점점 그러한

인공 조미료에 대한 경각심을 일깨우기 위한 캠페인.

차이를 느끼지 못한다. 한번 길들여진 입맛은 어디서 어떤 음식을 먹더라도 같은 맛을 찾는데, 이때 찾는 맛은 진짜 재료가 내는 고유한 맛이 아니라 조미료와 첨가물 맛이다. 그래서 인공 조미료가 혀에서 맛을 느끼는 세포를 마비시켜 버린다는 주장도 있다.

최근에는 인공 조미료와 첨가제 중 우리 몸에 안전하지 않은 것도 있다는 사실이 밝혀져 많은 나라에서 첨가물의 종류와 양을 규제하기 시작하였다.

음식 첨가물을 만드는 사람의 말처럼 적은 양의 첨가물을 잘 이용하면 건강에 나쁘지 않고 생활에 도움을 줄지 모른다. 그러나 첨가물이 들어간 음식은 사람들이 제대로 된 맛을 점점 잊어 버리게 만들어 좋은 음식을 섭취할 기회를 빼앗는 것은 분명하다.

 음식 재료 생산 단계에서 시작되는 문제

적은 비용으로 많은 음식을 만들려는 노력은 음식 재료를 생산하는 단계부터 문제를 만들어 내고 있다. 우선 화학비료와 제초제, 농약

등을 대량으로 사용하는 문제를 들 수 있다. 화학비료는 쉽게 수확량을 늘려 주고 제초제는 잡초를, 농약은 작물의 질병을 없애 준다. 그러나 이것들은 토지의 지력을 떨어뜨리고 환경을 오염시킬 뿐만 아니라, 과일과 곡식에 그대로 남아 음식을 섭취하는 사람의 건강에도 나쁜 영향을 끼친다. 가축을 기르는 과정에서 사용하는 다양한 항생제나 성장촉진제도 마찬가지다.

두 번째 문제는 노동력을 아끼기 위해 시작된 기계화를 들 수 있다. 다양한 기계의 발달로 적은 노동력으로도 쉽게 식량 생산량을 늘릴 수 있게 되었지만, 이러한 기계를 움직이려면 석유 같은 연료를 끊임없이 소비해야 한다. 많은 에너지를 이용하는 것은 환경을 망가뜨리고 우리 몸에도 좋지 않은 영향을 끼친다.

유전자 조작 식품 반대 시위에 참여한 사람들.

세 번째 문제는 다양한 품종 개량이다. 그동안 좀더 맛있고 수확량도 많으면서 병충해에 강한 품종을 만들어 내기 위한 개발이 지속적으로 이루어져 왔다. 그 결과 수많은 품종들이 새로 등장하였지만 얻은 것만큼 잃은 것도 많다. 각 지역마다 서로 달랐던 전통 품종들이 사라지면서 종 다양성이 크게 줄어들어, 환경 변화에 대처할 수 있는 능력을 그만큼 잃고 말았다.

농업 발전과 함께 시작된 다양한 환경 문제들에 대해 조사해서, 그 내용을 신문으로 만들어 보자.

마무리

1 공장에서는 싼 가격에 더 많은 음식을 만들기 위해 여러 가지 인공적인 방법을 사용한다.

2 사람들의 끊임없는 노력으로 크게 발전한 현대 농업은 얼핏 보면 매우 과학적이고 생산성이 높은 것 같지만 사실은 여러 가지 고민을 안고 있다.

3 적은 비용으로 더 많은 음식을 만들려는 사람들의 욕심이 음식 재료를 생산하는 단계부터 많은 문제를 만들어 내 심각한 환경 문제를 일으키고 있다.

03 건강한 환경, 건강한 음식

이 단원에서는

- 우리 몸에 좋은 음식은 무엇인지 생각해 본다.
- 누구나 쉽게 할 수 있는 슬로푸드 운동에는 무엇이 있는지 함께 얘기해 본다.

'풍요 속의 빈곤' 이라는 말이 있다. 모든 것이 풍부해 보이지만 실세로 안을 들여다보면 부족함이 많음을 뜻하는 표현이다. 옛날에 비해 키도 크고 체중도 늘어났지만 체력은 떨어지고 건강 상태도 나빠진 요즘 어린이들의 모습을 보면 이 말이 그대로 들어맞는다. 특히 비만은 건강을 위협하는 심각한 문제로 등장하고 있다. 점점 더 몸을 움직이지 않는 생활 습관이 가장 큰 원인이지만 음식도 문제다. 값싼

음식이 대량으로 공급되고 거기에 들어간 여러 가지 첨가물들이 사람들이 더 많은 음식을 계속 먹도록 만들고 있다. 이런 음식에는 제대로 된 영양분이 없어 몸집은 점점 커지지만 건강을 잃는 사람은 늘어날 수밖에 없다.

먹을 것이 부족하던 과거에는 배는 고팠지만 대부분 먹을거리를 직접 길러 음식을 만들어 먹었기 때문에 이런 문제는 없었다. 물론 배가 고픈 게 얼마나 힘든 일인지, 배고픔을 없애기 위해 사람들이 그동안 얼마나 많은 노력을 기울여 왔는지를 무시할 수는 없다. 아직도 굶주리는 사람이 많은 이 지구에서 무엇이라도 먹을 것이 있다는 사실은 아주 중요하다. 그러나 그대로 두고 보기에는 문제가 너무 많다. 건강에만 문제가 생기는 게 아니라, 지금처럼 음식을 많이 생산하면 쓰레기가 더 많이 발생하고 에너지도 낭비된다. 무엇보다 지구 환경이 돌이킬 수 없는 상태로 나빠진다.

슬로푸드 운동

오늘날처럼 바쁜 세상에 살면서 옛날처럼 각자 먹을 것을 직접 길러 집에서 음식을 만들어 먹자고 할 수는 없다. 그러나 음식 재료를 생산하고 음식을 만들 때 좀더 주의를 기울일 필요는 있다. 많은 사람들이 이런 생각을 하게 되면서 최근 새로운 움직임이 하나 둘 생겨나고 있다.

그중에서도 특히 친환경 농법이 눈에 띄는데, 이것은 모양과 맛이 거칠고 생산량이 적더라도

슬로푸드 운동
국제 본부.

제초제나 농약, 기계를 쓰지 않고 음식 재료를 재배하자는 것이다. 대표적인 예로 이탈리아에서 시작된 슬로푸드(slow food) 운동을 들 수 있다. 패스트푸드(fast food)에 반대한다는 뜻을 지닌 슬로푸드 운동은 음식을 쉽게 만들어서 많이 먹고 편하게 살기보다, 적은 양을 집에서 직접 만들어 조금씩 천천히 아껴 먹음으로써 음식 본래의 맛을 찾으려고 노력한다.

요즘에는 가정에서 만들지 않고 공장에서 생산한 것을 많이 사 먹지만 김치, 간장, 된장 같은 우리 나라 전통 음식들도 대표적인 슬로푸드 음식이다.

우리 몸에 좋은 음식 만들기

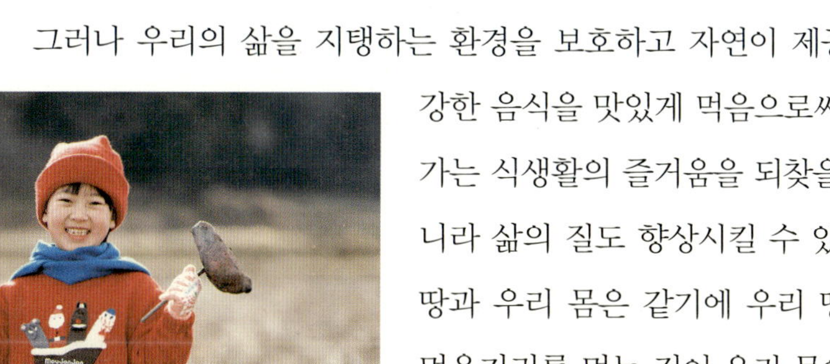

음식을 만드는 것은 많은 노력을 필요로 하는 힘들고 어려운 일이다. 그러나 우리의 삶을 지탱하는 환경을 보호하고 자연이 제공하는 건강한 음식을 맛있게 먹음으로써, 잊혀져 가는 식생활의 즐거움을 되찾을 뿐만 아니라 삶의 질도 향상시킬 수 있다. 우리 땅과 우리 몸은 같기에 우리 땅에서 난 먹을거리를 먹는 것이 우리 몸에 좋다고 생각하는 신토불이(身土不二) 운동도 이런 흐름에서 나온 것이다. 이 말이 꼭 옳다고 할 수는 없지만 오랜 시간에 걸쳐 운송되거나 유통되고 그 과정에서 냉동되거나 첨가물이 들어간 음식보다는, 제철에 생산된 신선한 재료로 만든 음식이 우리 몸에 좋다는 것은 분명하다.

군고구마.

우리가 할 수 있는 슬로푸드 운동에는 무엇이 있을까? 각자의 생각을 정리해서 가족들과 토론해 보자. 예를 들어 첨가물을 넣지 않고 집에서 직접 만들어 먹을 수 있는 간식거리를 생각해 보자.

과일 화채 만들기

1. 수박, 배, 사과, 석류, 키위 등 다양한 제철 과일을 준비한다.
2. 준비한 과일을 1.5센티미터 크기의 정육면체 모양으로 잘라, 냉장고에 넣어 둔다. 여러 가지 과일을 섞어 사용해도 좋다.
3. 얼음도 미리 작은 틀에 얼려 둔다.
4. 냄비에 물 3컵과 입맛에 맞을 정도의 꿀을 넣고 끓여 식힌 후, 냉장고에 넣어 차갑게 만든다.
5. 준비한 화채 그릇에 과일과 얼음을 넣고 화채 국물을 붓는다. 이때 새콤한 맛을 내기 위해 레몬 즙이나 귤 즙을 약간 넣는다.

내가 즐겨 먹는 패스트푸드 음식에는 무엇이 있는지 찾아보고, 왜 그 음식이 우리 몸에 좋지 않은 영향을 줄 수 있는지 생각해 보자.

1 영양분이 없는 값싼 음식이 대량으로 공급되면서 먹을거리는 풍부해졌지만, 사람들의 건강을 해치고 지구 환경이 파괴되는 등 많은 문제점들이 나타나고 있다.

2 최근에는 적은 양이라도 집에서 직접 만들어 조금씩 천천히 먹음으로써 음식 본래의 맛을 찾자는 슬로푸드 운동에 참여하는 사람들이 늘어나고 있다.

오늘날 세계에는 다양한 인종과 민족이 함께 모여 살고 있다. 아프리카에서 살던 흑인들이 아메리카 대륙과 유럽 전역에 흩어져 살고 있고, 인도 사람과 중국 사람이 남태평양의 뉴기니에서 살기도 한다. 이러한 사람들의 이동은 한 가지 원인보다는 여러 가지 원인들이 복잡하게 얽혀서 일어나는데, 그중에서도 식량 생산은 오랫동안 사람들의 이동에서 중요한 원인이 되어 왔다.

Ⅵ 식량 생산과 사람들의 이동

- 식량 생산이 오래전부터 사람들을 이동시키는 원인이 되었음을 배운다.
- 식량 생산을 위한 노동력 이동이 때로 인간의 기본적 권리를 침해해 왔음을 배운다.
- 식량 생산 과정에서 벌어지는 인권 침해를 예방하기 위해 내가 할 수 있는 일이 무엇인지 알아본다.

초창기 우리나라 이민자들이 정착한 하와이의 사탕수수 농장(사진).

한인들의 하와이 이주는 노예제도 폐지 이후 값싼 노동력을 구하려는 노동 이주의 하나로 이루어졌다. 1902년 12월 인천항을 출발한 121명의 한인 중 일본 고베 지역에서 건강검진에 통과한 100명만이 미국 상선 갤릭호를 타고 하와이로 출발하였다. 하와이로 건너간 이들은 사탕수수 농장에서 장시간 노동과 낮은 임금에 시달렸다.

01 설탕 생산을 위한 대서양 노예무역

이 단원에서는

- ▶ 식량 생산이 오랫동안 사람들이 이동하는 원인이 되었음을 배운다.
- ▶ 아메리카 대륙의 사탕수수 농장에서 일한 아프리카 흑인 노예들은 인간으로서 당연히 가지는 기본적 권리인 인권조차 보장받지 못하였음을 깨닫는다.

신항로 개척은 신대륙과 구대륙 간의 다양한 문물 교환을 촉진하였다. 특히 아랍 세계를 통해 소개된 설탕이 널리 퍼지면서 유럽 전체에서 단맛이 유행하였고, 이후 유럽 사람들의 설탕 소비는 지속적으로 늘어났다.

1800년대 초 영국 사람들은 섭취하는 전체 칼로리의 2퍼센트 정도를 설탕에서 얻었으나, 100여 년이 지난 후에는 14퍼센트를 설탕에

서 섭취할 정도로 설탕 소비량이 크게 늘어났다. 1900년대 들어서는 소비량이 더욱 늘어나 설탕은 유럽 사람들의 식생활에서 꼭 필요한 기호품이 되었다.

달콤한 설탕의 유혹

설탕이 유럽 전체에 널리 퍼지자 설탕의 원료인 사탕수수를 더 많이 생산하기 위해, 유럽 사람들은 사탕수수 재배에 알맞은 기후 조건을 갖고 있는 아메리카 대륙과 남태평양 섬들에 사탕수수 농장을 크게 늘렸다. 사탕수수 농장이 늘어나는 만큼 사탕수수를 재배하고 수확하는 노동자도 더 필요해졌다. 그래서 아메리카 대륙의 사탕수수 농장주들은 16세기 이후 노예 상인들이 아프리카에서 데려온 흑인들을 노예로 삼아 너도나도 부족한 일손을 메웠다.

노예들의 비참한 삶

유럽의 노예 상인들은 주로 아프리카의 일부 지배층들에게 총과 화약을 건네주는 대가로 그들이 잡은 포로들을 받아 노예로 팔았다. 노예 상인들은 때로 더 많은 노예를 얻기 위해 아프리카 왕국들 사이에 갈등을 조장해 전쟁을 일으키기도 하였다.

15세기부터 19세기까지 노예로 잡혀 아메리카 대륙으로 건너간 아프리카 흑인들은 1,100만 명에서 1,400만 명에 달하는 것으로 추정된다. 대서양을 건너 아메리카 대륙에 도착하는 과정에서 많은 노예들이 비위생적인 환경 때문에 발생한 전염병으로 죽었다.

겨우 살아남아 아메리카 대륙에 도착한 노예들은 마치 가축처럼 시장에서 전시되어 사탕수수 농장을 비롯한 플랜테이션 농장주들에게 팔렸다. 이들은 사탕수수 농장에서 강제 노동과 무자비한 폭력을 견뎌야 했고, 가정을 이루어 자녀를 낳더라도 주인의 의사에 따라 온 가족이 뿔뿔이 흩어지기도 하였다. 이처럼 아메리카 대륙의 흑인 노예들은 인간이 누려야 할 가장 기본적인 권리조차 보장받지 못한 채 살아갈 수밖에 없었다.

공포의 대서양 횡단

대서양을 건너 아메리카 대륙으로 가는 동안 노예들이 얼마나 죽었는가에 대한 정확한 통계는 없다. 다만 1780년대 앙골라에서 잡힌 노예들을 살펴보면, 총 100명의 노예 중 10명은 내륙에서 잡혀 있는 동안에 죽었고, 22명은 해안으로 끌려오는 도중에, 10명은 해안에서 노예를 수용하던 노예성에서, 6명은 배에 태워져 항해하는 동안, 3명은 아메리카 대륙에 도착해 농장에서 일을 시작하기 전에 죽었다. 결국 처음 노예로 잡힌 숫자 중에 반도 되지 않는 이들만이 아메리카 대륙에 도착해서 노예가 되었다.

그래서 아프리카 사람들은 유럽의 노예 상인들에 대해 바다의 괴물인 식인종이라고 여길 정도로 커다란 공포심을 가졌다. 백인들이 신는 검정 가

죽 구두는 아프리카 흑인들의 피부로 만들었고, 그들이 마시는 포도주는 아프리카 사람들의 피이며, 그들이 사용하는 화약은 아프리카 사람들의 뼈를 태워 빻은 것이라고 믿을 정도였다.

__존 아일리프(John Iilife), 『아프리카의 역사』

엘미나 성. 세계 최대의 노예무역 기지로, 많은 노예들이 이곳에 갇혀 있다가 배에 실려 아메리카 등지로 팔려 갔다.

남아 있는 노예무역 유적지를 조사해서 노예무역이 인류에게 얼마나 참혹한 사건이었는지를 알아보자.

마무리

1 유럽 사람들 사이에서 설탕이 유행하자, 아메리카 대륙의 사탕수수 농장주들은 더 많은 설탕을 생산하기 위해 아프리카에서 강제로 데려온 흑인들을 노예로 삼아 부족한 일손을 메웠다.

2 아메리카 대륙의 흑인 노예들은 인간이 누려야 할 가장 기본적 권리인 인권조차 보장받지 못한 채 하루하루 강제 노동에 시달렸다.

02 쿨리와 계절노동자

이 단원에서는

- ▶ 지금도 식량 생산을 위해 사람들이 이동하고 있다는 사실을 깨닫는다.
- ▶ 계절노동자의 인권을 보호할 수 있는 방법에 대해 함께 얘기해 본다.

1833년 영국에서 노예무역이 금지된 후 대서양을 중심으로 이루어지던 노예무역은 점차 줄어들었지만, 아메리카 대륙의 노예제도 자체는 계속 유지되었다. 그러나 노예무역이 불법화되면서 새로운 노예를 더 이상 들여올 수 없게 되자 사탕수수 농장을 비롯한 많은 플랜테이션 농장에서는 일손이 크게 부족해졌다.

돈을 주고 노동자를 고용할 수밖에 없는 상황이 되자 플랜테이션 농장주들은 이윤을 늘리기 위해 낮은 임금을 받고도 일할 수 있는 사람들을 구하기 시작하였다. 그래서 흔히 '쿨리(coolie)' 라고 불리는 인도와 중국의 노동자들이 점차 플랜테이션 농장의 부족한 일자리를

채우기 시작하였다. 이들은 농장뿐만 아니라 철도 공사 같은 다양한 분야에서도 일하였다.

플랜테이션 농장의 쿨리

유럽과 아메리카 대륙의 부족한 노동력을 채우기 위해 약 40여 개국 이상에서 사람들이 이주해 왔는데 이들의 삶은 노예만큼 비참하였다. 임금이 너무나 낮아서 도저히 사람다운 생활을 누릴 수 없었고, 그나마 적은 임금이라도 받기 위해 농장주의 무리한 노동 시간 요구를 거부하지 못하고 쉴 새 없이 일을 하는 악순환이 계속되었다.

오늘날 남태평양의 피지나 뉴기니에 살고 있는 중국 사람들과 인도 사람들 중 상당수는 이 시기에 사탕수수 농장에서 일하기 위해 이주하였던 사람들의 후손이다.

일거리를 찾아 이동하는 계절노동자

지금도 국경을 넘어 다른 나라에서 일을 하는 이주노동자들은 계속 늘어나고 있다. 특히 파종기나 수확기처럼 일시적으로 많은 노동력이 필요한 농업 분야에서 일손이 모자라는 기간에만 일하는 노동자를 계절노동자라고 부른다.

미국에서는 캘리포니아 지역의 야채나 과일 농장에서 일하기 위해 비공식적인 경로로 들어온 멕시코 노동자들을 많이 볼 수 있다. 캐나다에서는 정부가 공식적으로 농산물 수확 기간에 맞추어 멕시코나

- To be paid wages when due
- To receive itemized, written statements of earnings for each pay period
- To purchase goods from the source of their choice
- To be transported in vehicles which are properly insured and operated by licensed drivers, and which meet federal and state safety standards
- For migrant farmworkers who are provided housing
  * To be housed in property which meets federal and state safety and health standards
  * To have the housing information presented to them in writing at the time of recruitment
  * To have posted in a conspicuous place at the housing site or presented to them a statement of the terms and conditions of occupancy, if any

Workers who believe their rights under the act have been violated may file complaints with the department's Wage and Hour Division or may file suit directly in federal district court. The law prohibits employers from discriminating against workers who file complaints, testify or in any way exercise their rights on their own behalf or on behalf of others. Complaints of such discrimination must be filed with the division within 180 days of the alleged event.

For further information, get in touch with the nearest office of the Wage and Hour Division, listed in most telephone directories under the U.S. Government, Department of Labor.

U.S. Department of Labor
Employment Standards Administration
Wage and Hour Division

The law requires employers to display this poster where employees can readily see it.

- Cobrar el salario en la fecha fijada
- Recibir cada día de pago un recibo indicando el salario y la razón de cualquier deducción
- Comprar mercancías al comerciante que ellos escojan
- Ser transportados en vehículos que tengan seguros adecuados y que hayan pasado las inspecciones federales y estatales de seguridad, y conducidos por choferes que tengan permisos de manejar
- Las garantías para los trabajadores migrantes a quienes se les proporcionen viviendas o alojamiento
  * Viviendas que satisfazcan los requisitos federales y estatales de seguridad y de sanidad
  * Al ser reclutados, recibir por escrito informes sobre las viviendas y su costo
  * Recibir de su patron un aviso escrito explicando las condiciones de ocupación de la vivienda, o que tal aviso esté colocado en un lugar visible de la vivienda

Los trabajadores que crean haber sufrido una violación de sus derechos pueden presentar sus quejas a la División de Salarios y Horas o pueden presentar una demanda directamente a los tribunales federales. La ley prohibe cualquier discriminación o sanción hacia los trabajadores que presenten tales quejas, que hagan declaraciones, o que reclamen de cualquier manera sus derechos, sea a beneficio de sí mismos o a beneficio de otros. Hay que presentar las quejas de discriminación o de sanción a la división dentro de 180 días del suceso.

En caso de que necesite más información, comuníquense con la oficina de la División de Salarios y Horas más cercana, que aparece en la mayoría de los directorios telefónicos bajo el título U.S. Government, Department of Labor.

Departamento del Trabajo de los EE. UU.
Administración de Normas de Empleo
División de Salarios y Horas

La ley exige que los patrones fijen este aviso en un lugar donde puedan verlo fácilmente los trabajadores.

WH Publication 1376
Revised April 1983

계절노동자들의 권리와 고용주의 의무를 알리기 위해 만든 포스터. 멕시코 출신의 계절노동자를 위해 스페인어로 작성되었다.

라틴 아메리카 지역의 여러 나라에서 계절노동자를 받아들이기도 한다. 이들은 작업 기간이 끝나면 자신들의 나라로 돌아가야 한다.

계절노동자들은 신선한 농산물을 제때에 수확해서 사람들에게 싼값에 공급하는 가장 중요한 역할을 하고 있으나, 자신들의 노동에 대한 정당한 대가를 받지 못할 때가 많다.

현재 미국 정부를 비롯한 많은 나라에서 계절노동자들이 겪는 인권 침해를 방지하기 위해 여러 가지 정책을 펴고 있으나 여전히 많은 문제를 안고 있다.

인터넷에서 계절노동자를 모집하는 여러 가지 홍보 포스터나 광고를 찾아보고, 거기에 담긴 내용을 자세히 알아보자.

하와이로 처음 이주하였던 우리 조상들이 그곳에서 무슨 일을 하였는지 알아보자.

하와이 한인 이주

하와이로 처음 이민 간 한인들 중에서 실제 농사를 짓던 사람들은 7분의 1에 불과하였고, 대부분은 막노동을 하였거나 직업이 없었다. 이들은 하와이의 여러 섬에 있던 40여 개 농장으로 흩어져서 일하였는데, 주로 잡목과 잡초를 없애 농사지을 땅이 만들어지면 관개시설을 설치해서 사탕수수를 재배하였다. 한인들은 하루에 10시간 이상 일하였지만 아주 낮은 임금을 받는 등 비참한 삶을 살았다.

__유동식, 『하와이의 한인과 교회』

1 노예제도가 없어진 뒤에도 여전히 값싼 노동력을 제공하기 위해 세계 곳곳에서 사람들은 계속 이동하고 있다.

2 계절노동자의 인권을 보장하기 위한 여러 가지 정책이 이루어지고 있지만, 아직도 많은 문제점이 남아 있다.

03 우리 모두는 소중한 사람

이 단원에서는

- 이주노동자의 열악한 노동 환경에 대해 조사해 본다.
- 나라, 피부색, 언어가 다르지만 이주노동자도 우리와 똑같은 소중한 사람이라는 사실을 깨닫는다.

오늘날에도 세계화의 영향으로 가난한 나라에서 일자리를 찾지 못한 사람들이 이동하는 현상은 늘어나고 있다. 국제이주기구(IOM)의 발표에 따르면 현재 자신이 태어난 나라가 아닌 다른 나라에서 살고 있는 사람들의 수는 1억 9,000만 명에 이른다고 한다. 이주노동자들은

공장에서 공산품을 생산할 뿐만 아니라 더 많은 식량을 생산하기 위해 세계 각국의 농장에서 열심히 일하고 있다. 이들이 있기에 우리가 오렌지, 바나나, 브로콜리 같은 외국 과일과 채소, 설탕이나 커피 같은 기호품도 싼값에 손쉽게 살 수 있다는 사실을 기억해야 한다.

이주노동자의 작업 환경

이주노동자들 대부분은 더 많은 생산물을 얻으려는 농장주의 욕심 때문에 자신과 가족의 건강까지 해치면서 일하고 있다. 지평선 끝까지 널리 펼쳐진 브라질의 대규모 커피 농장에서는 임금이 매우 적기 때문에 이주노동자와 그 자녀들이 함께 일할 때가 많다. 이들은 뜨거운 햇볕 아래에서 오랫동안 일할 뿐만 아니라 수확량을 늘리기 위해 농약을 직접 살포하는 과정에서 건강에 심각한 위협을 받고 있다.

커피 농장에서 일하고 있는 이주노동자.

캘리포니아의 포도 농장도 사정은 비슷하다. 기계보다는 손으로 작업하는 것이 과일과 야채에 상처를 주지 않아 상품성을 높일 수 있기 때문에, 농장 노동자들은 긴 시간 동안 노동에 시달린다. 또 몸에 좋지 않은 농약을 많이 사용하기 때문에 여러 가지 질병에 노출되어 있다. 다행스럽게도 최근에는 이주노동자가 일하는 환경을 개선하기 위한 여러 가지 노력들이 나타나고 있다. 과도한 농약 사용으로 이주노동자들의 건강이 크게 위협받자 캘리포니아의 포도 농장에 고용된

노동자들이 농약 사용 금지를 요구하였고, 커피 역시 재배 과정에서 노동자들의 건강을 생각해서 유기 재배를 확대해야 한다는 주장이 많은 지지를 얻고 있다.

이주노동자와 인권

이주노동자들은 농업 분야 말고도 공장이나 식당 등 다양한 곳에서 일하고 있는데, 이들 역시 여러 가지 어려움을 겪고 있다. 특히 전 세계 이주노동자 중 약 4,000만 명은 일하고 있는 나라의 공식적인 허가를 받지 못한 상태이기 때문에 더욱 열악한 상황에 처해 있다. 피부색과 언어는 다르지만 우리와 똑같은 소중한 사람인 이주노동자들이 노동에 대한 정당한 임금을 받고 더 좋은 환경에서 일할 수 있도록 좀더 관심을 기울여야 한다.

값싼 농산물을 생산하려는 어른들의 욕심 때문에 농장에 고용되어 일하는 어린이들도 있다. 커피나 카카오 농장에서 오랜 시간 동안 낮은 임금을 받고 일하는 어린이들에 대해 알아보고, 이러한 문제를 해결하기 위해 어떤 노력을 해야 하는지 토론해 보자.

우리나라에 일하러 온 외국인 노동자들이 국가인권위원회에 크레파스 색 가운데 '살색'의 이름을 바꿔 달라고 청원한 일이 있다. '살색'이라는 말에는 어떠한 차별의 의미가 숨어 있는지 친구들과 얘기해 보자.

우리나라에 일하러 온 외국인 노동자들과 어울려 즐거운 한때를 보내고 있다.

1 세계화가 진행되면서 가난한 나라에서 일자리를 찾지 못한 사람들이 다른 나라로 이동하는 현상이 더욱 늘어나고 있다.

2 이주노동자들은 더 많은 생산물을 얻으려는 농장주의 욕심 때문에 낮은 임금에 시달릴 뿐만 아니라, 때로는 자신과 가족의 건강까지 해치면서 일하고 있다.

3 우리와 똑같은 사람인 이주노동자들이 정당한 임금과 더 좋은 환경에서 일할 수 있도록 관심을 기울여야 한다.

인류의 긴 역사 동안 사람들은 끊임없이 먹고사는 데 충분한 식량을 생산하기 위해 노력해 왔다. 그래서 농법을 개량하고, 저수지나 수로를 만들어 수리 시설을 발전시키고, 부족한 농경지를 확보하기 위해 숲을 개간하거나 바다를 메워 간척지를 만들기도 하였다. 오늘날 인류는 과거에 비해 비교적 풍부한 식량을 생산하고 있지만, 아직도 세계 한편에서는 식량이 없어 굶주림에 시달리는 사람들이 있다. 식량 생산이 꾸준히 늘어나고 있는데도 왜 굶주림의 고통은 사라지지 않는 걸까?

Ⅶ 굶주림을 극복하고 지속 가능한 발전으로

- 굶주림이 발생하는 원인에는 가뭄이나 홍수 같은 자연재해뿐만 아니라, 인간이 불러온 재난도 있다는 사실을 깨닫는다.
- 굶주림 문제를 통해 지속 가능한 발전이 왜 중요한지 알아본다.
- 굶주림을 예방하고 해결하는 과정에서 평화 만들기가 왜 중요한지 배운다.

우리가 살고 있는 지구에는 여전히 안심하고 마실 수 있는 물과 생명을 유지하는 데 꼭 필요한 식량마저 구할 수 없는 사람들이 많다. 우리의 조그마한 정성이 모이면 굶주림에 시달리는 이들에게 물과 식량은 물론 예방이 가능한 병에 걸려 죽는 것을 막을 수 있고, 영양실조의 고통에서 어린아이들을 구할 수 있다. 이웃에 대한 우리의 따뜻한 사랑과 관심이 국경을 넘어 굶주림에 시달리고 있는 사람들에게 커다란 희망이 된다는 사실을 기억하자.

01 굶주림으로 고통받는 세계

이 단원에서는

- 우리가 살고 있는 지구에는 아직도 많은 사람들이 굶주림으로 고통받고 있다는 사실을 깨닫는다.
- 굶주림으로 고통받는 사람들을 도울 수 있는 방법에는 무엇이 있을지 함께 얘기해 본다.

오늘날 굶주림에 시달리고 그로 인해 영양실조로 죽는 사람들은 우리가 생각하는 것보다 훨씬 많으며, 앞으로도 크게 줄어들 가능성은 보이지 않는다. 1996년에 인류의 심각한 식량 부족 문제를 의논한 세계식량정상회담(WFS)은 2015년까지 굶주리는 사람의 수를 절반으로 줄이겠다고 발표하였다. 2000년대 들어 전 세계에서 생산되는 식량의 양을 모두 합치면 사람들이 하루에 2,807칼로리를 섭취할 수 있다고 한다. 이는 세계식량기구가 정한 하루 최소 섭취량인 2,000칼로리

아프리카 어린이들을 돕기 위해 한 해 동안 모은 저금통으로 세계지도를 만든 초등학생들.

를 넘는 것으로, 생산된 식량의 양으로만 따진다면 세계식량정상회담의 목표는 달성되었다고 볼 수 있다. 그러나 지금 이 순간에도 굶주림의 고통은 해결되지 않은 문제로 남아 있다.

굶주리는 사람들

현재 전 세계 인구 가운데 8억 5,200만 명이 영양실조로 고통받고 있고, 이 중 다섯 살 이하의 어린이는 2억 명에 달한다. 특히 아프리카의 사하라 사막 남쪽 지역에서는 전체 인구의 30퍼센트 이상이, 아시아 지역에서는 약 16퍼센트의 사람들이 영양실조 상태에 놓여 있다. 실제로 매년 600만 명의 어린이들이 영양실조로 인한 질병으로 죽어가고 있다.

아래 그래프를 보면 동아시아 지역에서는 굶주림이 점점 사라지고 있는 반면, 사하라 사막 남쪽 지역에서는 심각해지고 있음을 알 수 있다. 북아프리카와 중동, 남아시아, 중남미 지역은 일정한 수준을 유지하고 있다.

세계 기아의 지역별 현황(단위 : 백만 명) 국제연합식량농업기구(FAO) 통계.

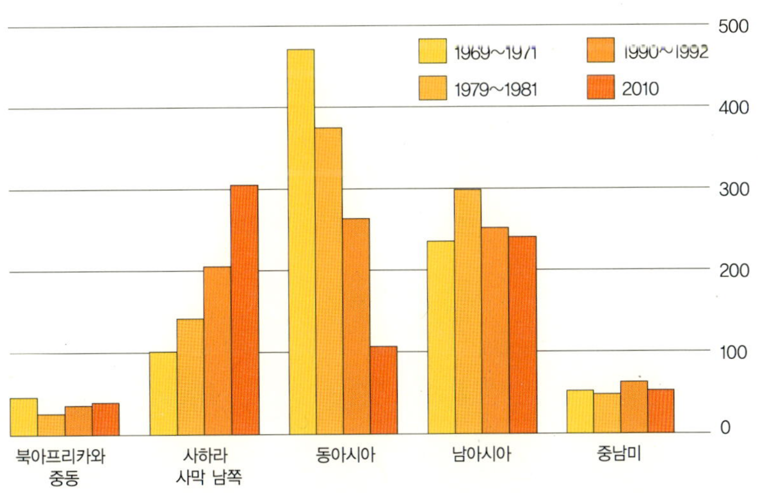

케냐의 어린 소녀 모니카

케냐에 살고 있는 열다섯 살 소녀 모니카는 매일 15킬로미터나 떨어진 곳까지 물을 길으러 갑니다. 모니카가 물 긷는 일을 맡은 이유는 21명이나 되는 대가족 중에서 모니카만이 유일하게 매일 한 끼를 먹을 수 있기 때문입니다. 모니카는 국제 구호 기구인 월드비전이 급식을 실시하고 있는 학교에 다니고 있습니다.

전통적인 유목 생활을 고수하고 있는 마사이(Masai)족인 모니카 가족은 다른 이웃들처럼 온 가족의 생계가 가축에게 달려 있습니다. 그러나 소 17마리, 양 25마리, 염소 20마리에 달하던 모니카 가족의 가축 중에서 이제 남은 것이라고는 단지 염소 3마리와 양 2마리뿐입니다.

_「동아프리카 대기근」, 한국 월드비전 홈페이지(www.worldvision.or.kr)

월드비전, 유니세프, 기아대책 같은 구호 기구 홈페이지를 방문해서 굶주림 문제가 얼마나 심각한지 알아보고, 내가 할 수 있는 일이 무엇인지 생각해 보자.

굶주림과 긴급 구호

"3월 14일을 기해 동아프리카 전 지역을 '카테고리 3'으로 공포한다."
"전 세계의 긴급 구호 요원 전원은 48시간 내에 출동할 수 있도록 대기하라."
이번에는 동아프리카다. 소말리아, 케냐, 에티오피아 등에 45년 만에 온 최악의 가뭄으로 40도가 넘는 사막에서 몇 달째 물 한 컵으로 한 가족이 하루를 견디는 상황이란다. 다음 달까지 비가 안 오면 1,400만 명이 굶어 죽을 위기인데, 비 올 확률이 거의 없다는 기상 예보다. 국제 구호 기구들은 일제히 가동 자원을 총동원하라는 '카테고리 3'을 선포하였고, 한국 월드비전도 6억 원의 긴급 자금을 확보해서 케냐와 소말리아에 지원하고, 조만간 나를 포함한 요원들을 파견할 예정이다.

__한비야, 「아프리카의 타는 목마름」, 『조선일보』, 2006년 3월 23일

1 굶주림에 시달리는 사람들은 우리가 생각하는 것보다 훨씬 많으며, 앞으로도 크게 줄어들 가능성은 보이지 않는다.

2 국제 구호 기구들은 굶주림으로 인해 영양실조 상태에 놓여 있는 사람들을 위해 구호 활동에 나서고 있지만, 아직도 구호의 손길을 기다리는 사람들은 수없이 많다.

02 굶주림의 원인

이 단원에서는

- 굶주림에 시달리고 있는 지역을 찾아보고, 그 지역의 굶주림의 원인에 대해 조사해 본다.
- 굶주림의 원인에는 자연재해뿐만 아니라 더 많은 환금작물을 생산하려는 인간들의 욕심도 있다는 사실을 깨닫는다.

굶주림의 가장 근본적인 원인은 식량이 부족하기 때문이다. 인류는 늘 부족한 식량으로 고통받아 왔다. 그래서 오랫동안 이상향이나 천국은 '젖과 꿀이 흐르는 땅', '먹을 것이 풍요로운 곳'으로 묘사되었다. 중세 사람들은 몸에 포크가 꽂혀 돌아다니는 통돼지 구이를 천국

의 배경으로 그리기도 하였다.

20세기에 들어와서 과학 기술과 농법의 발전으로 식량 생산에서 비약적인 발전을 이루었지만, 우리는 아직도 굶주림 문제를 해결하지 못하고 있다.

자연재해

식량 부족으로 고통받는 지역 가운데 많은 곳에서 가뭄이나 홍수 같은 자연재해가 반복되고 있다. 최근에는 과거에 나름대로 식량을 자급하며 살던 지역에서 가뭄과 홍수가 계속 일어나고 있는데, 이러한 기상이변의 원인으로 지구 온난화를 들 수 있다.

사람들의 욕심으로 인한 무분별한 개발이 자연재해를 일으키고 있다.

온난화는 산업이 발달함에 따라 석유와 석탄 같은 화석연료를 더 많이 사용하면서 점점 심해지고 있다. 또 좀더 편하고 풍요롭게 살기 위해 사람들이 끊임없이 숲을 개간하고 도시를 넓히면서, 땅이 점점 황폐해지는 사막화 현상이 사람들이 사는 곳을 중심으로 점차 확대되고 있다. 지나친 개발이 땅의 생명력을 떨어뜨렸고, 그 결과가 사람에게 되돌아오고 있는 것이다.

단작

수출을 위해 커피나 고무나무 등 한 가지 작물을 대량으로 재배하는 단작(monocrop)이 전 세계적으로 점점 늘어나고 있다. 단작을 하면 수출 작물의 가격이 좋을 때에는 곡물을 수입할 수 있기 때문에 괜찮지만, 해외 시장에서 가격이 폭락하거나 수출 작물에 흉년이 들면 곡물을 수입할 수 있는 돈이 없기 때문에 식량 부족에 시달리게 된다.

전쟁

전쟁은 굶주림에 가장 직접적인 영향을 미치는 원인이다. 수많은 사람들이 전쟁으로 인해 삶의 터전을 잃어 난민이 되는데, 이들은 농사를 지을 수 없을 뿐만 아니라 구호단체의 도움이 없으면 살아남는 것

전쟁으로 인해 삶의 터전을 잃은 난민들.

자체가 위태롭다. 게다가 전쟁이 일어나는 지역에서는 적에게 이로울 수 있다는 이기적 생각에서 구호단체의 인도적 활동을 방해해 민간인이 굶어 죽는 것을 방치하기도 한다.

적절하지 못한 식량 분배

인류 역사에서 심각한 굶주림이 벌어지고 있는 지역에서 생산한 곡물을 다른 나라로 수출한 예를 찾는 것은 어렵지 않다. 1845년 감자에 병이 퍼져 감자 농사를 망친 아일랜드에서는 무려 100만 명이 넘는 사람들이 굶어 죽었지만, 이해에 50만 톤의 밀을 해외로 수출하였다. 러시아도 1911년에서 1912년 사이에 대기근이 발생하여 수많은 사람들이 굶어 죽었으나 이때 생산한 곡물의 5분의 1을 외국에 수출하였다. 오늘날 지구 전체에서 생산되는 곡물의 총 생산량은 인류가 필요로 하는 양보다 많다는 사실을 기억해야 한다. 사람들의 욕심과 그로 인한 잘못된 결정이 굶주림 문제의 심각한 원인이 되고 있다.

굶주림으로 고통받는 지역을 찾아보고, 그곳에서 굶주림이 발생한 이유에 대해 조사해 보자. 또 굶주림 문제를 해결하기 위해 우리가 무엇을 할 수 있을지 발표해 보자.

1 인류는 20세기에 들어와서 과학 기술과 농법을 발전시켜 식량 생산을 크게 늘렸지만, 아직도 굶주림 문제는 해결하지 못하였다.

2 최근에는 환경 파괴, 단작, 전쟁처럼 사람들의 욕심에서 비롯된 잘못된 결정이 굶주림 문제의 가장 심각한 원인으로 지적되고 있다.

03 발전과 평화로 나아가는 길

이 단원에서는

- ▶ 지속 가능한 발전이라는 시각에서 굶주림과 개발 문제를 바라보는 것을 배운다.
- ▶ 굶주림 문제를 해결하기 위해 왜 평화를 이루어야 하는지 깨닫는다.

모든 사람들의 필요를 충족시킬 수 있는 식량 생산의 한계는 어디까지일까? 더 많은 곡물과 육류를 얻기 위해 인위적으로 초지를 개간하고 바다 속 깊은 곳의 해산물까지 모두 소비하는 것이 옳은 걸까?

지속 가능한 발전

더 많은 식량을 얻기 위해 개발만을 추구한다면 결과적으로 생태계를 파괴함으로써 커다란 굶주림을 초래할 수 있다. 이런 맥락에서 제시된 '지속 가능한 발전'은 앞으로 지구에서 살아갈 사람들에게 필요한 자원을 오염시키거나 파괴하지 않으면서, 현재 살고 있는 사람들의 필요를 적절하게 충족시키는 개발을 의미한다.

인간들의 지나친 욕심이 환경을 파괴하고 그 대가를 우리의 후손들이 치를 수밖에 없는 악순환을 끊기 위해서라도 지속 가능한 발전이라는 관점에서 굶주림과 개발 문제를 바라보는 자세가 필요하다.

사헬 지역 유목민의 재앙

아프리카 사하라 사막 남쪽에 위치한 열대 초원 지대를 사헬 지역이라고 부른다. 이 지역은 강수량이 부족하고 불규칙해서, 전통적으로 유목민들은 물이 모자라 초지가 줄어들 때를 대비해서 소와 양뿐만 아니라 가뭄에도 잘 견디는 염소와 낙타 같은 다양한 종류의 가축을 키워 왔다. 또 가축이 많이 늘어나 먹이인 초지가 줄어들 것을 대비해서 다른 유목민 무리에 남는 가축을 선물로 주거나 빌려 주는 방식으로 가축의 수를 적절하게 유지하였다.

그런데 식민지에서 독립한 아프리카 국가들이 가축의 질병을 예방하고 우물을 파서 물을 공급하는 등 사헬 지역에서 식량 생산을 늘리기 위한 개발 정책을 펼치면서 문제가 발생하였다. 그 결과 가축의 수는 늘어났으나 한정된 초지로는 늘어난 가축들을 모두 먹여 살릴 수 없어 결국 초원 지대의 생태계가 파괴되기 시작하였다. 가뭄이 닥치자 예전처럼 대처할 수 없게 된 유목민들은 대부분의 가축을 잃고 난민으로 떠돌게 되었다.

__김용환, 『인간과 환경의 커뮤니케이션』

평화 만들기

전쟁 때문에 발생한 굶주림 문제를 해결하려면 무엇보다 먼저 평화를 만들어야 한다. 평화가 정착되지 않으면 삶의 터전을 잃은 사람들은 식량 생산을 전혀 할 수 없고, 계속해서 구호 기구들이 식량을 공급해 주어야 하기 때문이다.

내전에 시달리는 수단

동아프리카에 있는 나라인 수단은 지난 20년 동안 내전과 사회 혼란으로 극심한 굶주림 문제에 시달리고 있다. 수단 북부 지역에는 이슬람교를 믿는 아랍계 사람들이 많은 반면, 남부 지역에는 기독교와 아프리카의 전통 종교를 믿는 사람들이 살고 있다. 종교와 문화가 다른 북부와 남부는 오랫동안 내전을 벌였고 최근에는 북부의 민병대와 남부의 저항군이 게릴라전을 펼치고 있다. 게다가 가뭄이 계속되면서 농토가 사막화되어 농사를 짓

는 것 자체가 불가능해졌다.

수단의 수도가 있는 북부 지역에 비해 주요 분쟁 지역인 남부 지역의 굶주림 문제는 더 심각하다. 이 지역에서 약 260만 명의 난민이 발생하였는데 이 중 120만 명이 굶주림에 시달리고 있다. 특히 35만 명에 달하는 난민들은 아무런 도움도 받지 못한 채 방치되어 2005년에는 매달 1만 명씩 굶주림과 이로 인한 질병으로 죽었다.

수단에서 구호의 손길을 펼치고 있는 국제기구들은 북부의 정부군과 남부의 저항군 모두 구호 활동을 방해하고 있다고 비난한다. 실제로 남부 저항군이 민간인들을 위한 국제기구의 구호 물자를 약탈하자 수단 정부는 주요 분쟁 지역인 남부 지역에서 구호 활동을 제한하였다.

수단의 굶주림을 해결할 수 있는 가장 근본적인 해결책은 평화를 만드는 것이다. 내전을 끝내고 평화협정을 맺어 주민들이 고향으로 돌아가 정상적인 생활을 하기 전까지 굶주림은 계속될 수밖에 없다.

유네스코 헌장

전쟁은 인간의 마음속에서 생기는 것이므로 평화의 방벽을 세워야 할 곳도 인간의 마음속이다. 서로의 풍습과 생활에 대한 무지는 인류 역사를 통하여 세계 국민들 사이에 의혹과 불신을 초래한 공통적인 원인이며, 이 의혹과 불신 때문에 그들의 불일치가 너무나 자주 전쟁을 일으켰다. …… 문화의 광범한 보급과 정의 · 자유 · 평화를 위한 인류 교육은 인간의 존엄에 불가결한 것이며 또한 모든 국민이 상호 원조와 상호 관심의 정신으로써 완수해야 할 신성한 의무이다. 정부의 정치적 · 경제적 조정에만 기초를 둔 평화는 세계 국민들의 일치되고 영속적이고 성실한 지지를 확보할 수 있는 평화가 아니다. 따라서 평화를 잃지 않기 위해서는 인류의 지적 · 도덕적 연대 위에 평화를 건설하지 않으면 안 된다.

굶주림을 해결하기 위해서는 더 많은 식량을 생산해야 한다는 주장이 있다. 이러한 노력이 지속 가능한 발전이라는 관점에서 옳은 일인지 토론해 보자.

1 지속 가능한 발전이란 앞으로 지구에서 살아갈 우리의 후손들에게 필요한 자원을 오염시키거나 파괴하지 않으면서, 현재 살고 있는 사람들의 필요를 적절하게 충족시키는 개발을 뜻한다.

2 우리의 후손을 위해 지속 가능한 발전이라는 관점에서 굶주림과 개발 문제를 바라보는 자세가 필요하다.

3 전쟁 때문에 발생한 굶주림 문제를 해결하기 위해서는 반드시 평화가 정착되어야 한다. 평화가 이루어져야만 삶의 터전을 잃은 사람들이 안심하고 식량 생산을 할 수 있고, 구호 기구의 도움 없이도 살아갈 수 있다.

부록

소재별 수업 계획 안
더 생각해 보기
더 읽어 보기
사진 출처

1_ 라벨(식품 성분 표시) 읽기

주제	음식물 첨가물 알아보기(활동 1, 2, 3) 음식물 원산지 찾아보기(활동 4)
도입	음식물 포장지 뒷면의 라벨 표시 읽기 1) 음식물 정보가 표시되어 있는 라벨을 읽으면 무엇을 알 수 있는가? ➔ 원산지, 성분, 함량, 첨가물, 유통기한 2) 수입 음식물에는 왜 한글로 된 라벨 스티커가 붙어 있는가? 이러한 라벨에는 어떠한 정보가 기록되어 있는가? 3) 라벨에는 여러 가지 음식물 정보들이 모두 기록되어 있다. 왜 이런 표시가 의무화되었는가?
활동	활동 1. 음식물 첨가물 알아보기 1) 다음의 재료들을 가지고 어떤 음식을 만들 수 있을지 알아보자. 질문 1_ 원유(85.715%), 액상 과당, 백설탕, 치자황색소, 카로틴, 합성착향료(바나나향, 바닐라향) 〔정답 : A회사의 바나나 우유〕 질문 2_ 도마도 페이스트(43.8%), 맥아엿, 백설탕, 양조식초, 정제염, 신딘김, 향신료조제품 〔정답 : B회사의 토마토케첩〕 ▶이러한 재료들(첨가물)의 이름을 들어본 적이 있는가? ▶라벨에 기록된 음식 재료 이름은 왜 이렇게 어려운 단어로 쓰여 있는가? 2) 대표적인 첨가물에 대해 모둠별로 조사해서 발표해 보자. ▶인공색소, 향, 구연산, 액상 과당, 트랜스 지방, 팜유란 무엇인가? ▶왜 이것들을 음식에 넣는가? 이러한 첨가물들은 어떠한 작용을 하는가? 활동 2. 생활 속 라벨 1) 음식물에 붙어 있는 여러 가지 '라벨' 표시 사례를 모아 보자. ▶가장 흥미 있거나 특이한 라벨은 무엇인가? ▶가장 알아보기 쉬운 라벨과 가장 알기 어려운 라벨 표시는 무엇인가? ▶라벨은 왜 대부분 글자 크기가 작고 어려운 말로 쓰여 있을까? 2) 간단한 설문지를 사용하거나 인터뷰를 통해 주위 사람들이 물건을 살 때

'라벨' 표시를 얼마나 참고하는지 조사해 보자(발표 형식은 파워포인트, 동영상 자료 등 다양한 시각적 도구를 이용하여 자유롭게 한다).

3) 음식물을 살 때 라벨을 참고하지 않는 사람들은 왜 그러한지 알아보자.

활동 3. 내가 만드는 라벨

1) 좋은 라벨이란 무엇인지 토론해 보자.

2) 내가 국회의원이 된다면 라벨 표시를 어떻게 바꾸자고 제안할지 상품 하나를 골라 직접 만들어 보자.

▶라벨에는 어떤 내용을 반드시 넣을 생각인가?

▶라벨에 어떤 표현을 사용할 것인가?

▶라벨 글자 크기는 어떻게 할 것인가?

활동 4. 음식물 원산지 찾아보기

1) 지난 한 주일 동안 내가 먹은 음식 재료의 원산지를 조사해서, 세계지도에 표시해 보자.

▶우리가 먹는 음식의 재료들은 어디에서 왔는가?

2) 라벨에 표시되어 있는 원산지에 대해 알아보자.

▶라벨에 있는 원산지 표시는 음식 재료가 어디에서 왔는지 알기에 충분한가?

▶원산지 표시 중에서 이해하기 어렵거나 특이한 점이 있는가?

정리

1) 음식물에 라벨 표시를 반드시 해야 하는 이유에 대해 함께 얘기해 보자.

2) 음식물을 살 때 우리의 태도에 대해 다시 생각해 보자.

▶음식물을 고를 때 라벨에 표시되어 있는 원산지와 성분 표시를 확인하는가?

▶음식물을 살 때 좀더 쉽게 라벨 내용을 확인하려면, 라벨 표시 방법은 어떻게 바꾸어야 하는가?

2_ 학교급식

<table>
<tr><td>주제</td><td>우리가 먹는 급식(활동 1, 2)
우리가 남기는 음식 쓰레기(활동 3)
지역사회 외국인과 함께하는 급식(활동 4)</td></tr>
<tr><td>도입</td><td>철이의 일상 관찰하기
➞ 철이의 일상
학교급식 반찬이 나물과 된장국인 것을 알고 매우 실망한 철이는 급식 당번에게 밥을 조금만 달라고 부탁하였다. 평소에 전혀 먹지 않는 나물과 된장국 때문에 점심을 먹는 둥 마는 둥 한 철이는 오후 수업 시간 내내 배가 너무 고팠다. 그래서 집에 가는 길에 떡볶이와 어묵 꼬치를 사 먹었다. 저녁에는 청국장이 반찬으로 올라오자, 부모님을 졸라 햄 구이에 케첩을 발라 밥과 함께 먹었다.
1) 철이는 왜 급식을 조금만 먹었는가?
2) 철이가 급식을 맛없다고 생각한 이유는 무엇인가?
3) 내가 좋아하거나 싫어하는 급식 반찬에는 무엇이 있는가? 왜 그 반찬을 좋아하거나 싫어하는가?</td></tr>
<tr><td>활동</td><td>활동 1. 우리가 먹는 급식
1) 학교에서 급식을 준비하는 것과 집에서 식사를 준비하는 것 사이에는 어떠한 차이점이 있는지 찾아보자.
➞ 학교 급식_ 한꺼번에 많은 음식 재료를 짧은 시간 내에 조리, 냉동 가공식품 사용, 여러 사람의 입맛 만족, 필요량보다 많이 들어간 조미료와 소금
2) 일주일 동안 내가 먹은 우리 학교의 급식 재료는 어디서 왔는지 알아보자.
▶재료가 어디에서 왔는지 확인할 수 있는 음식은 얼마나 되는가? 확인하기 어렵다면 그 이유는 무엇인가?
▶다른 나라에서 온 재료들을 왜 사용하는가? 또 이러한 재료는 어떻게 이동되어 왔는가?
▶내가 좋아하는 급식 반찬은 원래 어느 나라 음식인가? 또 재료는 어느 나라에서 왔는가?

활동 2. 음식 맛의 비밀
1) 우리 반 친구들이 좋아하는 반찬을 찾아서, 좋아하는 이유를 조사해 보자.</td></tr>
</table>

▶우리 반에서 인기 있는 반찬은 무엇인가?(예_ 어묵, 튀김, 돈가스, 탕수육)

▶친구들이 이러한 반찬들을 맛있다고 느끼는 이유는 무엇인가?

▶친구들이 좋아하는 반찬들은 우리 몸에는 어떤 영향을 주는가?

2) 학교 매점이나 학교 앞 가게와 문구점에서는 사 먹을 수 있지만, 슈퍼마켓 같은 곳에서는 잘 팔지 않는 간식들을 찾아보자.

▶친구들이 좋아하는 간식에는 어떤 재료와 성분이 들어 있는가?

▶친구들이 좋아하는 간식은 어떤 방법으로 만들어지는가?

▶친구들이 이러한 간식을 맛있다고 느끼는 이유는 무엇인가?

▶이러한 간식을 만드는 데 사용된 재료는 우리 몸에 어떤 영향을 미치는가?

활동 3. 우리가 남기는 음식 쓰레기

1) 일주일 또는 한 달 동안 우리 반에서 생긴 급식의 잔반 양을 조사해서 표나 그래프로 정리해 보자.

▶잔반의 양이나 내용에 변화가 있는가? 만약 있다면 그 이유는 무엇인가?

▶우리 학교의 잔반은 어떻게 처리되는가?

▶잔반 처리 과정에는 어떤 어려움과 문제점이 있는가?

▶잔반으로 인한 환경 문제는 무엇이며, 어떻게 해결해야 하는가?

▶잔반을 적게 남기기 위해 우리는 무엇을 할 수 있는가?(잔반을 줄이거나 없애기 위한 운동 사례를 조사해 보자)

활동 4. 지역사회 외국인과 함께하는 급식

1) 외국인이나 다문화 가정을 찾아서, 그들의 식사 메뉴를 조사해 보자.

2) 외국인 친구가 있다면 각자 급식 메뉴를 짜서, 두 개의 급식 메뉴를 비교해 보자.

▶외국인 친구와 내 급식 메뉴에는 어떤 차이가 있는가?

▶왜 이런 차이가 생기는 것인가?

정리

1) 우리 몸에 좋은 간식은 무엇인지 생각해 보자.

▶우리 농산물을 이용한 간식을 만들어 보자(예_ 군고구마, 삶은 감자).

2) 학교급식을 먹는 올바른 습관을 갖기 위해 내가 실천할 수 있는 방법들을 열거해 보자.

3_ 쌀

주제	쌀과 우리 전통문화(활동 1) 줄어드는 쌀 소비량(활동 2) 쌀 개방 문제(활동 3) 세계 속의 쌀(활동 4, 5)
도입	쌀의 중요성을 보여 주는 속담, 옛날이야기, 신앙, 문학작품 등을 제시 1) 우리 민족은 왜 쌀과 관련된 이야기나 문학작품이 많은가? 2) 우리 민족에게 쌀은 어떤 의미인가? ➔ 쌀의 신성성이나 중요성과 관련 있는 예 제시
활동	활동 1. 쌀과 우리 전통문화 1) 우리나라 사람들은 쌀을 언제부터 재배하였고, 이후 쌀을 얼마나 어떻게 먹었는지 조사해 보자. ▶쌀이 우리 민족의 주식이 된 시기는 언제인가? ▶벼농사가 장려된 이유는 무엇이며, 실제로 어떤 노력들이 행해졌는가? ➔ 보릿고개 설명, 녹색혁명(Green Revolution)의 개념과 장단점 이해 ▶다른 곡물과 비교할 때 쌀은 어떤 특성을 가졌는가? 2) 우리 문화에 남아 있는 쌀과 관련된 사회 조직이나 관습, 지명, 각종 표현, 의례, 상징 등을 찾아보고 거기에 담긴 의미를 생각해 보자. ▶두레, 기우제, 친경(親耕), 사직(社稷), 선농단(先農壇)에 담긴 의미는? ➔ 위의 예를 통해 우리 전통 문화에서 쌀의 중요성 이해 3) 쌀이 주식이라는 것은 무슨 의미인지 함께 얘기해 보자. ▶우리 조상들은 쌀밥을 얼마나 자주 먹었는가? ▶"밥을 먹어야 힘이 난다" 또는 "한국 사람이 밥을 먹어야지 왜 빵 같은 간식만 먹느냐?"는 말은 무엇을 의미하는가? ▶우리나라의 전통적인 상차림과 식사 방법을 쌀을 주식으로 먹는 다른 나라와 비교해 보자. 또 쌀을 주식으로 먹지 않는 나라와도 비교해 보자. 활동 2. 줄어드는 쌀 소비량 1) 우리나라 사람들의 쌀 소비량 변화를 나타낸 통계자료나 그래프를 찾아서, 쌀 소비가 어떻게 변화해 왔는지 알아보자.

▶언제부터 쌀 소비량이 줄어들고 있는가?

▶쌀 소비량이 줄어드는 이유는 무엇인가?

▶쌀 소비량을 늘리기 위해 지금까지 어떠한 노력들이 있었는가? 또 우리가 할 수 있는 일은 무엇인가?

2) 우리나라 사람들의 식사에서 쌀(또는 밥)이 차지하는 위치에 대해 알아보자.

▶나는 한 주일 동안 쌀밥을 몇 번 먹었는가?

▶쌀밥을 먹지 않은 날에는 대신 무슨 음식을 먹었는가?

활동 3. 쌀 개방 문제

1) 쌀 개방에 반대하는 농민들과 각종 사회단체의 시위에 대해 알아보자.

▶쌀 개방이란 무엇인가? 다른 농산물 개방과 다른 점이 있는지, 만약 다르다면 무엇이 다른지 생각해 보자.

▶농민들은 왜 쌀 개방을 반대하는가?

2) 정부가 농산물 개방을 추진한 이유를 조사해서 발표해 보자.

▶농산물 개방은 우리 사회에 어떠한 영향을 미치는가?

→ 우루과이라운드(UR), 세계무역기구(WTO), 한 · 미 자유무역협정(FTA)

활동 4. 세계 속의 쌀

1) 전 세계적으로 쌀을 재배하고 있는 나라들에 대해 조사해 보자.

▶쌀을 재배하고 있는 나라는 어디인가? 이들 나라에서 쌀 생산량은 늘어나고 있는가?

▶쌀을 대규모로 생산해서 수출하는 나라는 어디인가?

2) 쌀을 먹고 있는 나라들에 대해 알아보자.

▶쌀을 주식으로 먹는 나라와 주식이 아니더라도 쌀을 많이 먹는 나라를 찾아서, 쌀을 어떻게 먹고 있는지 알아보자.

3) 여러 나라의 다양한 쌀 품종, 조리법, 소비 방식들을 조사해 보자.

▶맛있는 쌀 또는 밥에 대한 생각이 사람마다, 지역마다 또는 나라마다 어떻게 다른가?

▶우리와 같은 품종의 쌀을 우리와 같은 방식으로 먹는 나라는 어디인가?

▶쌀 품종에 따른 다양한 조리법과 소비 방식에 대해 알아보자.

4) 쌀이 모자라서 식량 부족을 겪고 있는 나라들을 찾아보자.

▶쌀이 부족한 이유는 무엇인가?

▶식량 부족을 해결하기 위해 어떤 대책을 세웠는가?

5) 쌀을 다른 지역으로 수출하는 나라에 대해 알아보자.

▶쌀을 다른 지역으로 수출하는 이유는 무엇인가?

▶남아도는 쌀을 식량이 부족한 나라로 보낼 수 있는 방법은 없는가?

활동 5. 세계인이 즐기는 쌀

1) 외국 사람들의 변화하는 식생활에 대해 조사해 보자.

▶외국 사람들이 좋아하는 쌀로 만든 음식에는 무엇이 있는가?

▶외국 사람들의 입맛에 맞는 쌀 요리를 만들려면 어떻게 해야 하는가?

2) 전 세계 사람들이 즐길 수 있는 쌀이 들어간 음식을 만들어 보고, 이를 광고로 제작해 보자.

정리

1) 외국 사람들에게 비빔밥이 인기 있는 이유에 대해 생각해 보자.

2) 쌀 개방 때문에 앞으로 우리 식탁에서 어떠한 변화가 일어날지 함께 토론해 보자.

3) 인터넷에서 세계의 다양한 쌀 요리를 찾아 직접 쌀 요리 스크랩북을 만들어 보자.

4_ 커피

주제	커피 재배 확대와 세계화(활동 1, 2) 공정무역의 필요성(활동 3) 커피와 건강(활동 4)
도입	단어 뜻 알아맞히기 1) '가배(咖啡/珈琲)'는 무엇을 가리키는 단어인가? ➞ 우리나라에서 처음 커피를 마시기 시작할 때의 이야기 2) 커피는 언제, 어떻게 우리나라에 들어왔는가?
활동	활동 1. 커피 재배 확대와 세계화 1) 커피를 재배해서 수출하는 나라를 찾아 세계지도에 표시해 보자. ▶지도에 표시된 나라들의 공통점(지리적 위치, 경제 수준)은 무엇인가? ▶지도에 표시된 나라들은 언제부터 본격적으로 커피를 생산하기 시작하였는가? 2) 커피는 전 세계적으로 얼마나 소비되고 있는가? ▶커피 소비는 어떻게, 얼마나 늘어나고 있는가? ▶우리나라 사람들이 마시는 커피 양은 얼마나 되는가? 3) 커피 가격은 직접 키우는 사람들의 잘잘못과는 상관없이, 국제 시장에서 결정된다. 이것이 가져오는 문제점에 대해 함께 토론해 보자. ▶커피 가격이 갑자기 떨어져서 경제적 타격을 경험한 나라는 어디인가? 활동 2. 커피를 재배하는 사람들 1) 커피는 어떻게 재배되고 있는지 알아보자. ▶플랜테이션이란 무엇인가? ▶단작(單作, monocrop)이란 무엇인가? ▶커피를 재배하기 전에 그 땅에서는 무엇이 자라고 있었는가? 또 커피 농장에서 일하는 사람들은 전에는 무슨 일을 하였는가? ▶커피를 생산하는 나라는 점점 늘어나고 있는데, 실제로 커피를 재배하는 사람들의 살림살이는 나아지고 있는가? 2) 적은 비용으로 많은 양의 커피를 생산하기 위해 커피 농장에서는 어떤 방법을 사용하는지 조사해 보자. ➞ 밀식(密植)재배, 농약과 비료의 대량 사용, 여성과 어린이 노동

3) 커피 재배 과정에서 노동자들은 어떠한 위험에 노출되는지 알아보자.

▶비료와 농약의 대량 사용이 커피 농장에서 일하는 노동자들에게 어떠한 영향을 끼치는가? 또 생태계에는 어떤 영향을 끼치는가?

활동 3. 공정무역(fair trade)의 의미와 필요성

1) '공정무역 커피' 란 단어를 들어 본 적이 있는지 함께 얘기해 보자.

▶공정무역이란 무엇인가? 기존 무역 방식을 불공정하다고 하는 이유는 무엇인가?

▶공정무역은 환경과 인권 보호에 어떠한 도움을 줄 수 있는가?

2) 유기농 커피란 무엇인지 조사해 보자.

▶유기농업이 늘어나면 커피를 직접 재배하는 사람들에게 어떤 영향을 미치는가?

활동 4. 커피와 건강

1) 커피에 들어 있는 카페인이 우리 몸에 끼치는 영향에 대해 얘기해 보자.

▶졸음을 쫓기 위해 커피를 마시는 친구가 있다면, 그 효과에 대해 물어보자.

▶청소년기에 커피를 너무 많이 마시면 키가 크지 않는다는 말이 있는데, 이것이 사실인가? 사실이라면 그 근거는 무엇인가?

▶커피처럼 카페인이 많이 들어 있는 식품이나 음료에 대해 조사해 보자.

2) 나는 지난 한 달 동안 커피를 얼마나 섭취하였는지 조사해서 발표해 보자.

▶커피와 커피가 들어 있는 음식물(커피 우유, 커피 아이스크림, 커피 사탕, 커피 빵 등)을 얼마나 자주 먹었는가?

3) 주변에 커피 때문에 건강에 어려움을 겪는 사람들이 있는지 찾아보자.

→ 불면증, 심장 박동 수 증가

4) '디카페인 커피' 에 대해 알아보자.

▶디카페인 커피란 단어를 들어 본 적이 있는가?

▶디카페인 커피를 마시는 이유는 무엇인가?

정리

1) 공정무역이 확대되면 생겨나는 좋은 점에 대해 함께 토론해 보자.

2) 커피처럼 몇몇 나라에서 생산되어 전 세계로 수출되는 작물을 더 알아보자.

3) 생활 속에서 섭취하는 커피 양을 줄이기 위해 나는 어떻게 해야 할지 생각해 보자.

5_ 바나나

주제	값이 싸진 바나나(활동 1) 바나나가 우리에게 오기까지(활동 2) 바나나와 세계화(활동 3)
도입	부모님이 들려주는 '바나나 이야기' 1) 부모님이 어렸을 때 가장 비쌌던 과일 또는 먹고 싶었던 과일은 무엇인가? 2) 부모님의 어린 시절에는 바나나를 언제 먹었는가?
활동	활동 1. 값이 씨진 비니나 1) 바나나에 대한 여러 가지 흥미 있는 경험담이나 이야기, 생각 등을 모아서 함께 얘기해 보자. ▶내가 평소 가장 좋아하고 먹고 싶은 과일은 무엇인가? ▶부모님이 어렸을 때는 왜 바나나가 가장 귀한 과일이었는가? ▶요즘에 바나나는 누구나 쉽게 사 먹을 수 있는 과일인가? 2) 바나나 가격의 변화를 조사해서 발표해 보자. ▶수입 농산물 가운데 바나나처럼 예전에는 비쌌는데 시간이 흐르면서 값이 싸진 것이 있는가? ▶바나나처럼 값싼 수입 농산물이 대량으로 수입되면서 가격 변화가 생긴 국산 농산물이 있는가? 활동 2. 바나나가 우리에게 오기까지 1) 바나나를 살 때 붙어 있는 상표 이름들을 살펴보자. ▶우리나라에 들어오는 바나나의 주요 생산지(원산지)는 어디인가? ▶바나나 종류에는 어떤 것들이 있는가? 우리나라에는 주로 어떤 품종들이 많이 들어오는가? ▶현재 우리나라에 바나나를 수출하고 있는 나라들은 언제부터 바나나를 많이 생산하게 되었는가? 2) 바나나를 먼 곳까지 이동시키기 위해 어떤 방법을 사용하는지 알아보자. ▶시장에서 판매되고 있는 바나나 중에는 왜 벌레 먹은 것이 없는가? → 철저한 검품, 농약 살포 ▶유기농 바나나란 무엇인가?

활동 3. 바나나와 세계화

1) 바나나 농장에서 일하는 사람들은 누구인지 조사해 보자.

▶바나나를 키우기 전에 그 땅에서는 무엇이 자라고 있었는가?

2) 바나나 농장 노동자들은 어떤 환경에서 일하고 있는지 조사해 보자.

▶바나나 농장에서는 바나나를 많이 생산하기 위해 어떠한 방법들을 사용하고 있는가? 이러한 방법에는 어떤 문제점이 있는가?

→ 품종 개량, 농약 대량 살포

3) 유기농 바나나를 사 먹으면 무엇이 좋은지 함께 토론해 보자.

→ 농약 살포 자제, 노동자의 건강과 생활 보장

정리

1) 바나나를 생산하는 사람들의 생활을 보장하고 건강을 보호하기 위해 우리가 무엇을 할 수 있는지 토론해 보자.

2) 바나나처럼 수출을 위해 생산을 많이 늘리면서, 그 지역에 살던 사람들의 생활을 크게 변화시키거나 위협하고 있는 농작물과 해산물의 예를 조사해 보자.

→ 새우(동남아시아 지역의 연안 생태계 파괴)

6_ 닭

주제	흔해진 닭과 달걀(활동 1) 공장식 축산의 문제점(활동 2, 3)
도입	닭과 달걀로 만든 음식 제시 1) 닭고기 튀김을 좋아하는가? 좋아한다면 얼마나 자주 먹는가? 2) 달걀말이, 달걀 장조림 등 달걀로 만든 음식 가운데 좋아하는 음식을 얘기해 보자.
활동	활동 1. 흔해진 닭과 달걀 1) 슈퍼마켓 달걀 코너에 가면 달걀 종류에 따라 가격이 매우 다양하다. 왜 이런 가격 차이가 생기는가? ➡ 유정란과 무정란, 토종닭 이해하기 2) 요즘은 통닭구이 집이나 닭고기 튀김을 파는 가게를 흔히 볼 수 있는데, 부모님들의 어린 시절에는 그렇지 않았다고 한다. 왜 이렇게 갑자기 많아진 것일까? ▶닭은 얼마나 키운 뒤에 통닭구이용으로 소비되는가? 3) 옛날에는 닭과 달걀이 지금보다 훨씬 귀하고 비싼 음식이었다. 이와 관련된 이야기나 경험담 등을 모아서 발표해 보자. 활동 2. 닭과 공장식 축산 1) 우리가 즐겨 먹는 닭이 어떻게 키워지는지 알아보자. ▶브로일러(broiler)란 말을 들어 본 적이 있는가? ▶브로일러는 대개 성장 기간이 얼마나 되는가? 2) 양계장에서는 닭을 어떻게 키우는지 조사해 보자. ▶좁은 공간에서 닭을 더 빨리 더 많이 키우기 위해 어떠한 방법들을 사용하고 있는가? ➡ 항생제가 들어 있는 사료 먹이기, 조명 조절, 운동 제한, 부리 잘라 주기 3) 공장식 축산이 양계 농가에 끼친 영향과 문제점에 대해 조사해 보자. ➡ 공장식 축산에 알맞게 품종 개량을 한 달걀에서 인공부화한 병아리를 양계장에서 키우면서 닭의 유전적 다양성이 줄어듦. 그 결과 질병으로 집단 폐사하는 일이 자주 발생(예_ 조류 독감)

활동 3 공장식 축산의 문제점

1) 닭처럼 공장식으로 길러지는 다른 가축이 있는지 조사해 보고, 이것이 어떤 문제점을 가져올지 발표해 보자.

▶가축의 사료로 소비되는 곡물의 양은 얼마나 되는가?

▶가축의 똥오줌은 어떻게 처리되고 있는가? 처리 과정에서 환경오염이 일어나지는 않는가?

2) 공장식 축산은 가축의 건강에도 심각한 영향을 끼치고 있는데, 구체적인 예를 찾아보자.

▶공장식 축산 때문에 심각해진 질병에는 무엇이 있는가?

▶공장식 축산의 문제점을 해결하기 위해 어떤 방법을 사용하고 있는가?

정리

1) 공장식 축산이 수많은 문제점에도 불구하고 계속 확대되는 이유에 대해 조사해 보자.

2) 공장식 축산의 문제점과 육식 증가, 인류의 미래에 대해 토론해 보자.

3) 공장식 축산 기술의 발전과 가축 품종 최적화의 진전이 세계화와 어떤 관련이 있는지 생각해 보자.

1. 라벨 읽기

음식물에 표시된 라벨 내용을 읽어 보고 어떤 음식인지 맞혀 보자.

퀴즈 1_ 두유액(87%, 대두 고형분 7% 이상, 미국산), 정백당, 검은깨 페이스트(3.2%, 고형분 40% 이상, 중국산), 식물성 유지, 현미 시럽, 칼슘혼합제제(제3인산칼슘, 아라비아검 0.417%), 타라티노스, 식염, 산탄검, 카라기난, 유화제, 영양강화제, 결정셀룰로오스, 증점제, 자당, 젤라틴, 전분, 비타민A유, 땅콩유, BL-α-토코페린아세테이트, 아라비아검, MCT유, 비타민D3, 두유향(합성착향료) 〔정답 : A회사 두유〕

퀴즈 2_ 오렌지 농축 과실즙(100%, 브라질산), 액상 과당, 비타민 C, 구연산, 천연착향료 〔정답 : B회사 100% 오렌지 주스〕

퀴즈 3_ 액상 과당, 탄산가스, 구연산, 백설탕, 합성착향료(포도향), 폴리인산나트륨, 식용색소적색제40호(합성착색료), 식용색소청색제1호(합성착색료) 〔정답 : C회사 청량음료 포도 맛〕

2. 학교급식

학교급식은 도시락 준비에 따른 학부모들의 번거로움을 없애고 학생들의 책가방 무게를 줄이는 것뿐만 아니라, '교육의 연장'이라는 측면을 갖고 있다. 학교급식은 단체 급식이라는 점에서는 사찰 등의 종교 시설, 공장 등의 산업 시설, 양로원이나 고아원 등의 사회복지 시설, 군대 · 병원 · 교도소 등의 단체 급식과 어느 정도 공통된 문제점들을 가지고 있다. 그러나 교육의 연장이기 때문에 예산과 인건비 절감, 조리와 배식 같은 업무 편의, 위생과 안전, 만족도와 영양 섭취 같은 요소뿐만 아니라, 올바른 식사 습관과 지역 농산물 이용 같은 점들도 중시한다. 학교급식은 음식 재료와 조리법, 메뉴는 물론 식품 안전과 건강 같은 여러 가지 다양한 쟁점과 관련되어 있으므로 국제이해교육의 중요한 소재로 활용할 수 있다.

우리나라에서 학교급식에 대한 만족도는 아직까지 별로 높지 않다. 그동안 학교급식에 대한 불만족이 높다는 조사 결과가 있었고 또 각종 급식 사고로 인한 학생들의 식중독 사건도 여러 번 일어났다. 심지어 학교급식에서 수입 쇠고기를 사용하는 문제와 관련해 청소년들이 제작한 '광우

송' 이 인터넷을 통해 널리 퍼지기도 하였다. 그래서 학교급식전국네트워크(www.schoolbob.org) 같은 시민 단체와 환경 단체에서 끊임없이 학교급식 개선책을 제기하였고, 이에 교육부도 관련 법을 개정하고 관련 규칙을 새로 보완하는 등 종합적인 급식 대책을 마련하였다. 앞으로 급식 재료의 질은 물론 위생과 안전도 크게 향상될 것으로 기대되고 있으나, 문제점과 그에 따른 불안감이 완전히 없어지지는 않았다.

3. 쌀

가. 쌀 소비량 변화

우리나라 사람들의 쌀 소비량은 1970년 1인당 연간 136.4킬로그램으로 최고치에 오른 후에 계속 줄어들고 있다. 1998년 처음으로 100킬로그램 아래로 내려온 이후 8년 만인 2006년에는 78.8킬로그램으로 줄어들었다. 그러나 1인당 78.8킬로그램의 소비량은 일본의 61.5킬로그램(2004년), 타이완의 48.6킬로그램(2005년)에 비해 여전히 높은 편이다.

나. 쌀과 관련된 속담

한 솥의 밥 먹고 송사(訟事) 간다.

—매우 친한 사이에서 하찮은 일로 서로 소송까지 하게 된다는 말로, 인심의 험악함을 비유하였다.

쌀 먹은 개 욱대기듯.

—좋지 못한 짓을 한 사람이 오히려 거칠게 구는 것을 비유한 말이다.

등겨 먹던 개는 들키고 쌀 먹던 개는 안 들킨다.

—크게 죄지은 자는 교묘히 빠져나가 무사하고, 그보다 덜한 자가 들켜서 애매하게 남의 죄까지 뒤집어쓰고 의심받게 된다는 뜻이다.

제(祭) 덕에 이밥〔쌀밥〕이라.

—어떤 일을 빙자하여 하고 싶던 일을 한다는 말이다.

쌀은 쏟고 주워도 말은 하고 못 줍는다.

—한 번 입 밖에 낸 말은 어찌할 수 없으므로 항상 말을 조심해야 한다는 뜻이다.

찬밥 더운밥 가리다.

—어려운 형편에 있으면서도 배부른 행동을 한다는 뜻이다.

쌀 주머니를 들고(메고) 다닌다.

—쌀자루를 들고 여기저기 쌀을 꾸러 다니거나 빌어먹으러 다닌다는 뜻이다.

쌀 한 알 보고 뜨물 한 동이 마신다.

—자그마한 이익을 위해 노력이나 경비가 지나치게 많이 들어가는 것을 비유적으로 이르는 말이다.

다. 쌀과 관련된 신앙 · 의례 · 관습

옛날부터 우리 민족은 쌀에는 혼이 깃들어 있어 집안의 운수를 좌우한다고 믿었다. 그래서 조상들은 정성껏 재배한 쌀로 만든 떡과 술을 제사상에 올렸고, 음력 정월에 집안에 재수가 좋으라고 비는 안택굿을 드릴 때에는 반드시 쌀을 제물로 바쳤다. 최근에 늘어나고 있는 유기농 쌀을 제사상에 올리자는 움직임도 이러한 쌀의 상징성에서 나온 것이다.

염습(殮襲)할 때 물에 불은 쌀을 떠서 죽은 사람 입에 세 번 넣는 의식을 뜻하는 '반함(飯含)'이나, 쌀을 단지 안에 넣어 조상의 신령으로 모시는 '조상단지' 등에서도 쌀과 관련된 우리 민족의 전통 신앙을 엿볼 수 있다.

4. 커피와 공정무역(fair trade)

무역은 보통 시장의 움직임이나 투기 등에 의해 가격이 결정된다. 그러나 환경과 인권을 중시하는 공정무역은 제3세계에 살고 있는 가난한 농민이 생산한 농산품을 시장가보다 조금 더 높은 가격을 주고 구입한다. 예컨대 커피 원두를 살 때 중간상인이나 상사를 두지 않고 소규모 농가나 협동조합과 직접 거래하고, 상품 대부분에 대해 일정한 최저 구입 가격을 보장한다. 또 농민이 고리대금에 시달리지 않도록 사전에 커피 값을 지불하기도 한다. 이때 거래되는 커피는 대부분 농약을 사용하지 않는 유기농업으로 재배되기 때문에 농민의 건강까지 보호할 수 있다.

즉 공정무역은 경제적으로 농민의 생활을 보장하고, 나아가 농민의 건강과 지역의 자연환경을 지키려는 생각에서 시작된 것이다. 주로 NGO나 민간 회사들이 실천하고 있는데, 국내에서도 소비자 문제와 환경 문제에 관심을 가진 몇몇 시민 단체에서 공정무역을 하기 위해 노력하고 있다.

5. 바나나

가. 필리핀에서 재배되는 바나나

우리가 먹는 바나나는 대부분 필리핀에서 재배한 것이다. 1960년대에 다국적 기업들은 필리핀에서 대규모 토지를 확보하여 바나나 플랜테이션 농장을 만들었다. 이곳에서 생산된 바나나는 주로 일본으로 수출되었기 때문에, 일본 사람들이 좋아하는 품종을 많이 재배하였다. 이렇게 재배된 바나나가 우리나라에도 수입되어 우리는 값싼 바나나를 마음껏 먹을 수 있게 되었다.

필리핀처럼 산업화가 늦은 나라들은 농수산물 수출을 위한 여러 가지 정책들을 빠르게 추진하고 있다. 그 결과 바나나 같은 수출용 농수산물 가격을 내려 수출을 늘리는 데는 성공하였으나, 식량을 생산하던 농지에서 수출용 환금작물을 재배하면서 국내의 식량 가격이 상승하였다. 또 수출 의존도가 늘어나면서 나라 경제가 국제 시장의 농수산물 가격에 크게 좌우되어 농수산물 생산 가격을 낮추기 위한 압력이 점점 심해지는 악순환이 계속되고 있다. 게다가 빠른 속도로 개발이 진행되면서 심각한 환경 파괴까지 벌어지고 있다. 현재 필리핀 농경지의 약 55퍼센트가 바나나와 파인애플 같은 수출 작물을 재배하고 있으며, 이러한 농장 대부분이 다국적 기업의 통제 아래 있다.

나. 바나나가 우리에게 오기까지

농장에서는 바나나를 기를 때 다량의 농약을 살포한다. 이러한 농약은 우리 몸에 매우 해로운데, 필리핀의 바나나 농장 노동자가 외국 시민 단체에 농약 대량 살포로 인한 비참한 상황을 적은 편지를 보내 국제적 문제가 되기도 하였다. 바나나는 비교적 껍질이 두껍고 또 먹을 때 껍질을 벗기기 때문에 농약에 비교적 안전하다고 알려져 있지만, 썩는 것을 막기 위해서도 농약이 사용되므로 꼭지 쪽은 잘라 먹는 것이 좋다.

우리가 가게에서 사는 바나나는 알맞게 익어 노란색을 띠지만, 집에 가져오면 며칠 안 되어 검게 변해 버린다. 이처럼 쉽게 상하는 바나나를 어떻게 머나먼 남쪽에서 우리나라까지 가져오는 걸까? 필리핀의 바나나 농장에서는 익지 않은 새파란 상태의 바나나를 수확한다. 수확한 바나나는 품질 검사를 거쳐 포장되고 새파란 상태를 유지하기 위해 섭씨 13.3도의 온도 상태에서 운송되어 우리나라에 도착한다. 우리나라에 들어온 바나나는 도매상에 넘겨져 녹색 바나나를 노랗게 익히는 '후숙(ripening)' 과정을 거친다. 후숙은 보통 섭씨 17~18도부터 시작하여 섭씨 20도까지 온도를 서서히 올린 뒤에 다시 낮추는데 바나나가 노랗게 익을 때까지 5일 정도 걸린다. 우리가 먹는 노란색 바나나는 바로 후숙 과정에서 인위적으로 익힌 것이다.

다. 연안 지역 생태계 파괴의 주범, 새우

2004년 월드워치연구소(WWI)는 컴퓨터, 탄산음료, 비닐 봉투, 종이, 닭과 더불어 새우를 환경오염을 상징하는 6대 물건으로 뽑았다. 유럽, 미국, 일본 같은 선진국에 수출하기 위해 주로 동남아와 남미 지역에 대규모로 건설된 새우 양식장은 이 지역의 자연환경과 가난한 사람들의 생활을 위협하고 있다. 동남아시아 지역에는 해안의 침식과 홍수, 육지의 영양분이 바다로 급속히 쓸리는 것을 막고, 각종 동물에게 살 곳을 제공하는 맹그로브(mangrove) 숲이 발달해 있다. 그런데 최근 새우 양식장을 만들기 위해 맹그로브 숲을 파괴하면서 이 지역 생태계가 심각한 위협에 처하였다. 또 보다 좁은 면적에서 보다 많은 새우를 양식하기 위해 항생제와 어분으로 만들어진 비료를 주고 물에 화학 처리를 하면서, 오염된 양식장의 폐수가 그대로 바다로 흘러들어 주변 바다 생물은 물론 자연 상태의 새우마저 죽게 만들고 있다. 이처럼 대규모 새우 양식이 일으키는 환경 문제는 육지의 대규모 축산에 따른 환경 문제와 크게 다르지 않다.

새우 양식으로 인한 환경 파괴는 사람들에게도 치명적인 영향을 미치고 있다. 해양오염으로 잡히는 물고기의 양이 급속히 줄어들면서 어부들이 생계에 타격을 받았고, 양식업자들도 새우 양식업 자체의 높은 위험성 때문에 어려움을 겪고 있다. 무리한 집약적 생산으로 새우 양식장의 수명이 5년을 채 넘기지 못해 버려지는 양식장이 늘고 있고, 국제 새우 품질 기준이 높아지고 가격이 불안정해지면서 소규모 양식업자들이 대부분 파산하였다.

6. 닭고기

가. 싸고 흔해진 닭고기

우리 조상들은 닭과 달걀을 매우 귀한 음식으로 여겼다. 그래서 '사위가 오면 씨암탉을 잡아 대접'하였고, 여름 더위를 이기기 위해 영계백숙을 보양식으로 먹기도 하였다. 부모님들의 어린 시절에는 삶은 달걀과 달걀 부침이 최고의 도시락 반찬이었다.

요즘은 달걀과 닭이 흔하고 값도 매우 싸져 누구나 즐겨 먹고 있다. 그런데 어른들은 요즘 닭고기가 맛이 없다며 일부러 토종닭을 찾기도 한다. 좁은 공간에서 계속 사료를 먹여 빨리 키운 닭보다는, 맑은 공기와 햇볕 아래 마당에서 뛰어다니며 자란 닭이 더 건강하고 맛있다는 것이다. 또 가끔 매스컴에 보도되는 양계장의 집단 폐사나 조류 독감 이야기는 우리를 불안하게 만든다. 도대체 닭에게 무슨 일이 일어난 것일까?

나. 브로일러와 닭 공장

닭은 기르는 목적에 따라 두 종류로 구분되는데, 달걀을 얻기 위한 닭은 레이어(layer), 닭고기를 얻기 위한 닭은 브로일러(broiler)라고 부른다. 브로일러는 보통 부화된 지 8~10주 정도 된 체중이 1.5~2.0킬로그램으로 자란 식용 닭으로, 육류 중에서 생산비가 가장 싸서 주로 통닭구이용으로 판매된다.

브로일러 닭은 적은 사료로 빨리 자랄 수 있게 특별히 개발된 품종으로, 대개 외국에서 어미씨를 수입한다. 브로일러 닭에서는 브로일러 닭이 태어나지 않기 때문에 병아리는 매번 새로 사야 한다. 인공부화된 병아리가 태어나면 바로 병아리 감별사들이 수컷들을 추려 죽여 버리고, 좁은 공간에서 서로 쪼아 대는 것을 막기 위해 부리를 가위로 자르기도 한다. 부리가 잘린 병아리는 계약 농가인 양계장에 맡겨져 키워진다.

오늘날 브로일러를 기르는 양계장은 '농장'이 아니라 '닭 공장'이라고 할 수 있다. 공장의 조립 라인이나 컨베이어 벨트를 연상시키는 닭장 안에 쭉 늘어선 닭들은 마치 물건이나 원료 같고, 닭을 키우는 과정은 사료를 투입해서 고기나 달걀을 제조해 내는 과정처럼 보인다. 양계장에서는 브로일러 병아리에게 생후 첫 2주 동안은 24시간 내내 밝은 빛 아래에서 항생 물질, 합성항균제 등이 들어 있는 사료를 쉴 새 없이 먹이고, 이후

6주간은 2시간마다 조명을 켰다 껐다를 반복해서 하루가 4시간이 되게 만든다. 또 병아리의 성장 단계에 따라 주사를 놓거나 약을 먹이기도 한다. 브로일러 닭은 알에서 부화한 지 48~55일 정도가 되면 닭고기 가공 공장으로 가서 짧은 생을 마감한다. 우리나라에서는 최근 연간 1억 5,000만 마리 이상의 브로일러가 생산되어 소비되고 있으며, 브로일러 사육은 점점 기업화되고 있다.

더 읽어 보기

1_ 읽을 만한 책들

「동남아 새우양식장과 맹그로브 숲 보전 현장을 다녀와서」, 『환경일보』, 2004. 11. 18.

개번 매코맥 지음, 한경구 외 옮김, 『일본, 허울뿐인 풍요』, 창작과 비평사, 1998.
국립민속박물관 엮음, 『열려라 박물관 신나는 역사체험』 05(음식 편), 랜덤하우스중앙, 2004.
기타야마 도시카즈 · 후시키 도루 지음, 안수경 옮김, 『우리 아이를 살리는 급식혁명』, 청어람미디어, 2005.
김아리 지음, 『밥힘으로 살아온 우리 민족』, 아이세움, 2002.
김아리 지음, 『음식을 바꾼 문화 세계를 바꾼 음식』, 아이세움, 2002.
김용환 지음, 『인간과 환경의 커뮤니케이션』, 커뮤니케이션북스, 2006.
김태정 외 엮음, 『음식으로 본 동양문화』, 대한교과서, 1997.
박정훈, 『잘먹고 잘사는 법』, 김영사, 2002.
서찬석 글, 한창수 그림, 『옛날 사람들은 어떤 음식을 먹었을까?』, 채우리, 2004.
서현정 글, 이상희 · 김민정 그림, 『테마로 보는 우리 역사, 한국사탐험대—음식』 6, 웅진 주니어, 2006.
소냐 나자리오 지음, 하정임 옮김, 『엔리케의 여정』, 다른, 2007.
시드니 민츠 지음, 김문호 옮김, 『설탕과 권력』, 지호, 1998.
쓰지하라 야스오 지음, 이정환 옮김, 『음식, 그 상식을 뒤엎는 역사』, 창해, 2002.
안병수 지음, 『과자, 내 아이를 해치는 달콤한 유혹』, 국일미디어, 2005.
오누키 에미코 지음, 박동성 옮김, 『쌀의 인류학』, 소화, 2001.
우석훈 지음, 『음식국부론—도마 위에 오른 밥상』, 생각의나무, 2005.
유네스코 아시아 · 태평양 국제이해교육원 엮음, 『우리는 지구촌 시민—축구로 배우는 국제이해교육』, 일조각, 2004.
유동식 지음, 『하와이의 한인과 교회』, 그리스도연합감리교회, 1988.
이향숙 글, 강경효 그림, 『샌드위치 백작과 악어 스테이크』, 아이세움, 2006.
임영상 외 엮음, 『음식으로 본 서양문화』, 대한교과서, 1997.
제인 구달 외 지음, 김은영 옮김, 『희망의 밥상』, 사이언스북스, 2006.
존 아일리프 지음, 강인황 · 이한규 옮김, 『아프리카의 역사』, 이산, 2002.
최열 지음, 『최열 아저씨의 지구촌 환경 이야기』 1 · 2, 청년사, 2002.
최향랑 글 그림, 『요리조리 맛있는 세계여행』, 창작과비평사, 2004.
캐롤 M. 코니한 지음, 김정희 옮김, 『음식과 몸의 인류학』, 갈무리, 2005.
케네스 포메란츠 지음, 박광식 옮김, 『설탕, 커피 그리고 폭력』, 심산, 2003.
하라 히로꼬 지음, 최정순 옮김, 『어린이의 문화인류학』, 도서출판 삼동자, 1989.

2_ 가 볼 만한 웹사이트

국내 사이트

녹색연합 www.greenkorea.org
아름다운 커피 www.beautifulcoffee.org
에코붓다 www.ecobuddha.org
유네스코 아 · 태교육원 www.unescoapceiu.org
유네스코 한국위원회 www.unesco.or.kr
유엔환경계획 한국위원회 www.unep.or.kr
지속가능발전위원회 www.pcsd.go.kr
친환경상품진흥원 www.koeco.or.kr
학교급식전국네트워크 www.schoolbob.org
한국환경교육협회 www.greenvi.or.kr
환경운동연합 www.kfem.or.kr
환경재단 www.greenfund.org

해외 사이트

국경 없는 의사회(Médecins Sans Frontières, MSF) www.msf.org
국제세계화포럼(International Forum on Globalization, IFG) www.ifg.org
국제식량농업기구(Food and Agriculture Organization, FAO) www.fao.org
국제 지속 가능한 발전 연구소(International Institute for Sustainable Development, IISD) www.iisd.org
그린피스(Greenpeace) www.greenpeace.org
월드비전(World Vision) www.wvi.org
유엔개발계획(United Nations Development Programme, UNDP) www.undp.org
유엔교육과학문화기구(United Nations Educational, Scientific and Cultural Organization, UNESCO) www.unesco.org
유엔지속가능발전국(United Nations Division for Sustainable Development) www.un.org/esa/sustdev
유엔환경계획(United Nations Environment of Programme, UNEP) www.unep.org
유엔환경계획-세계보존감시센터(World Conservation Monitoring Centre, UNEPWCMC) www.unep-wcmc.org
제3세계네트워크(Third World Network) www.twnside.org.sg
지구의 벗(Friends of the Earth) www.foe.org

사진 출처

ⓒ 강민석
63쪽

ⓒ 나물이네(namool.com)
56쪽

ⓒ 박경립
34쪽, 77쪽(위)

ⓒ 박하선
54쪽

ⓒ 연합뉴스
22쪽, 29쪽, 36쪽, 41쪽, 42쪽, 45쪽, 48쪽, 68쪽, 88쪽, 89쪽, 92쪽, 97쪽, 109쪽, 111쪽, 112쪽, 117쪽, 118쪽

ⓒ 월간 쿠켄(www.best-home.co.kr)
31쪽, 37쪽, 47쪽, 58쪽

ⓒ 이미지클릭
14쪽, 18쪽, 21쪽, 24쪽, 26쪽, 46쪽, 55쪽(프렌치프라이), 55쪽(피자), 61쪽, 71쪽, 79쪽, 85쪽, 93쪽, 107쪽

ⓒ 한건수
25쪽, 101쪽, 104쪽

ⓒ APCEIU
15쪽, 60쪽

ⓒ Damini Vaidya
76쪽

ⓒ Johannaencabo
13쪽

ⓒ Lis Sulisfyowati
77쪽(아래)

ⓒ purple
17쪽, 53쪽, 54쪽(돈가스), 55쪽(화이타), 69쪽, 75쪽, 82쪽, 86쪽, 94쪽

* 일조각은 이 책에 실린 모든 사진 자료의 출처를 찾기 위해 최선을 다하였습니다. 사진 사용에 관해 문의하실 분은 일조각으로 연락해 주시기 바랍니다.

연구진 **한경구** 서울대학교 자유전공학부 교수
한건수 강원대학교 문화인류학과 교수
서현정 서울대학교 강사
김종훈 유네스코 아시아 · 태평양 국제이해교육원 기획행정실장
박효정 서울 잠동초등학교 교사
이선영 서울 가곡초등학교 교사
장해숙 서울 개웅초등학교 교사

연구 협력진 **우석훈** 성공회대학교 외래교수
이시재 가톨릭대학교 사회과학부 교수
정두용 한국국제이해교육학회 회장

검토위원 **김다원** 부천 상동중학교 교사
박재영 김해 동광초등학교 교사
양영자 제주 고산중학교 교사
유 철 충청북도교육청 중등교육과 장학사
조난심 한국교육과정평가원 교수학습연구본부 본부장
최환상 통영 인평초등학교 교사
한준상 연세대학교 교육학과 교수

맛있는 국제이해교육—다문화 시대의 음식과 세계화

1판 1쇄 펴낸날 2006년 12월 30일
1판 2쇄 펴낸날 2014년 6월 30일

편자 유네스코 아시아 · 태평양 국제이해교육원
주소_ 152-050 서울시 구로구 새말로 120
전화_ 774-3956
팩스_ 774-3957
홈페이지_ www.unescoapceiu.org/kor
디자인 디자인우디
삽화 왕지성
펴낸이 김시연
펴낸곳 (주)일조각
등록_ 1953년 9월 3일 제300-1953-1호(구 : 제1-298호)
주소_ 110-062 서울시 종로구 경희궁길 39
전화_ 734-3545/733-8811(편집부) 733-5430~1(영업부)
팩스_ 738-5857
이메일_ ilchokak@hanmail.net
홈페이지_ www.ilchokak.co.kr

ISBN 978-89-337-0511-7 53300
값 10,000원

* 이 책은 유네스코 아시아 · 태평양 국제이해교육원이
교육인적자원부의 지원을 받아 개발하였습니다.

* 잘못된 책은 바꿔 드립니다.